EXCEL
樞紐分析

職場必學的大量數據解讀力

適用2013 / 2010 / 2007 / 2003

簡倍祥、葛瑩、林佩娟 著

Office 達人 2AC724

EXCEL樞紐分析【第三版】：職場必學的大量數據解讀力

作　　者／簡倍祥、葛瑩、林佩娟
執行編輯／單春蘭
特約美編／鄭力夫
封面設計／韓衣非
行銷企劃／辛政遠
行銷專員／楊惠潔
總 編 輯／姚蜀芸
副 社 長／黃錫鉉
社　　長／吳濱伶
發 行 人／何飛鵬
出　　版／電腦人文化
發　　行／城邦文化事業股份有限公司
　　　　　歡迎光臨城邦讀書花園
　　　　　網址：www.cite.com.tw
香港發行所／城邦 (香港) 出版集團有限公司
　　　　　香港灣仔駱克道193號東超商業中心1樓
　　　　　電　話：(852) 25086231
　　　　　傳　真：(852) 25789337
　　　　　E-mail：hkcite@biznetvigator.com
馬新發行所／城邦 (馬新) 出版集團
　　　　　Cite (M) Sdn Bhd
　　　　　41, Jalan Radin Anum, Bandar Baru Sri Petaling,
　　　　　57000 Kuala Lumpur, Malaysia.
　　　　　電　話：(603) 90578822
　　　　　傳　真：(603) 90576622
　　　　　E-mail：cite@cite.com.my

國家圖書館出版品預行編目資料

EXCEL樞紐分析：職場必學的大量數據解讀力/
簡倍祥, 葛瑩, 林佩娟著. -- 三版. -- 臺北市：電腦
人文化出版：城邦文化事業股份有限公司發行,
民111.08
面；　公分
ISBN 978-957-2049-22-8（平裝）
1.CST: EXCEL（電腦程式）

312.49E9　　　　　　　　　　111010881

印刷／凱林彩印股份有限公司
2024年(民113) 07月三版 2 刷　　Printed in Taiwan
定價／420元

● 如何與我們聯絡：

1. 若您需要劃撥 購書，請利用以下郵撥帳號：
郵撥帳號：19863813　戶名：書虫股份有限公司

2. 若書籍外觀有破損、缺頁、裝釘錯誤等不完整現象，想要換書、退書，或您有大量購書的需求服務，都請與客服中心聯繫。

客戶服務中心
地址：115 台北市南港區昆陽街 16 號 5 樓
服務電話：（02）2500-7718、（02）2500-7719
服務時間：週一 ～ 週五9：30～18：00，
24小時傳真專線：（02）2500-1990～3
E-mail：service@readingclub.com.tw

3. 若對本書的教學內容有不明白之處，或有任何改進建議，可將您的問題描述清楚，以E-mail寄至以下信箱：pcuser@pcuser.com.tw

※詢問書籍問題前，請註明您所購買的書名及書號，以及在哪一頁有問題，以便我們能加快處理速度為您服務。

※我們的回答範圍，恕僅限書籍本身問題及內容撰寫不清楚的地方，關於軟體、硬體本身的問題及衍生的操作狀況，請向原廠商洽詢處理。

前言

隨著電腦的普及，EXCEL 已經成為當今職場人士最常用的資料處理軟體之一，這是告別手工操作、提高工作效率和準確度的第一步。利用 EXCEL 記錄資料、統計資料、分析資料，可以讓雜亂的資料按部就班地整理、歸類、計算，進而提供有用的資料資訊。或許，常常與 EXCEL 打交道的您覺得 EXCEL 就這點功能，記錄輸入的資料再進行相對應的處理。當您跟著本書邊學邊做，利用 EXCEL 的樞紐分析表功能完成一個個任務之後，您會發現 EXCEL 的功能原來如此強大，為您的工作節約了大量時間。在面對鋪天蓋地的資料時，利用所掌握的資料分析技巧及方法，能很快整理出頭緒，按照既定要求完成資料統計工作。

本書的特色在於，將樞紐分析表原理直接應用於銷售資料處理的案例中。雖然以銷售資料處理為例，但本書介紹的方法可融會貫通於各行各業。本書將實踐中經常遇到的問題，綜合成八大部分，每一部分解決一大類問題，利用一組實例資料，說明樞紐分析表實操的方方面面。

而本書告訴您，如果手頭的資料不夠，如何讓 EXCEL 利用已有的資料產生新的有用資料；如果要統計報表中不同的資料對象，如何讓 EXCEL 輕鬆完成；如果要將報表中的資料填入不同格式的表格中，如何讓 EXCEL 選擇資料並調整格式；如果要在樞紐分析表中用顏色、線型、圖示等輔助手段突出相關資料，如何利用 EXCEL 的功能實現；如果要把資料用圖形展現，如何利用資料透視圖完成任務……以上種種實踐中經常遇到的問題，在您閱讀本書後都能迎刃而解。

本書的讀者對象範圍較廣。它可以為職場人士提供資料統計和處理的方法，解決工作中的實際問題，提高工作效率和準確度。它也能讓學生進一步領會樞紐分析表的應用方法，將理論知識轉換為操作經驗。希望讀者們閱讀此書後，能真正領會樞紐分析表的精髓，在實際應用中獲得突破。

如果您對本書有任何意見或建議，或者有任何疑問需要解答，請聯絡作者如下 Email。

簡倍祥	葛瑩	林佩娟
benson@opivt.com	ge.ying@163.com	helenpc.lin@msa.hinet.net

1 樞紐分析表的基本製作

2 整理樞紐分析表的資料源

3 樞紐分析表的多樣呈現

4 樞紐分析表的匯總計算

5 樞紐分析表的潤色

6 樞紐分析圖的建立與運用

7 動態樞紐分析圖

8 樞紐分析表與外部資源的連結

本書使用之範例檔案，可至 **bit.ly/2AC724** 下載

1

樞紐分析表的基本製作

1.1 什麼是樞紐分析表

EXCEL 的功能是多種多樣的，樞紐分析表便是其中的一種重要功能。樞紐分析表的作用在於，它能把繁複的資料變成任何我們想要的報表或圖形樣式。做個形象的比喻，樞紐分析表好比一隻萬花筒，雖然它所觀察的資料表本身是不變的，但每旋轉一次萬花筒，資料表便會換一種形式呈現出來。

當我們用樞紐分析表觀察資料時，我們或許會驚訝地發現一些之前並沒有注意到的細節。另外，我們也可以運用樞紐分析表快速、便捷地對資料分組，把大量無序的資料用一定的規則整理和排列起來，便於我們從不同角度審視資料。

我們用 EXCEL 處理資料通常有兩個目的，❶ 計算資料，❷ 讓資料以一定的格式顯示出來。雖然 EXCEL 有很多工具可以處理資料，但是樞紐分析表是最有效率的工具之一，可以避免人工輸入導致的失誤、增加統計計算的效率。

樞紐分析表的基本佈局如「圖 1 樞紐分析表的基本佈局」所示。「**欄位區**」羅列了所有資料表的欄位標題，「**設計區**」將選擇欄位區中的部分欄位，並排列成「報表篩選」、「欄標籤」、「列標籤」、「∑ 值」的組合，這些組合構成了樞紐分析表頁面佈局，呈現在「**報表區**」中。

▲ 圖 1 樞紐分析表的基本佈局

「設計區」中各欄目的用途分別是：

❖ **「報表篩選」：**

「報表篩選」下所列的欄位，在處理報表時可以作為篩選對象，選擇樞紐分析表要顯示的內容，即樞紐分析表僅顯示所篩選出的訊息。

❖ **「列標籤」：**

「列標籤」下所列的欄位，將作為樞紐分析表第一列的欄位。

❖ **「欄標籤」：**

「欄標籤」下所列的欄位，將作為樞紐分析表第一欄的欄位。

❖ **「∑ 值」：**

「∑ 值」下所列的欄位，是樞紐分析表進行統計計算的基礎，諸如加總、求百分比等各種計算的資料表。

1.2 什麼時候使用樞紐分析表

當資料量很大，或者要處理的資料經常變化，亦或需要建立多層次的報表，單純靠人工作業不僅耗費大量時間，也很容易出錯。通常，以下情況均可以運用樞紐分析表處理。

❖ 需要尋找數據之間的關係，對數據進行分組時，透過樞紐分析表可以組合出不同的關係網。

❖ 找出大量數據中特定種類的數據，透過樞紐分析表可以快速定位數據。

❖ 找出各不同時間段中數據的變化，透過樞紐分析表可以將不同時段的數據歸類，便於觀察數據的變化。

❖ 當所分析的數據經常更新時，透過更新樞紐分析表，可以隨時更新經過整理的報表數據。

❖ 如果資料整理後要產生圖形，透過樞紐分析圖便可快速實現。

❖ ……

 上述第 1 種情況是最常用到的樞紐分析表功能。例如，打開本書範例檔案「CH1-01 資料表」，我們看到 2012 年 1 月至 12 月某食品廠各現場生產的各種食品在 3 大超市各店面的銷售狀況，部分資料如「圖 2 資料表」所示。

超市及店面統計　　　現場統計　　　商品統計　　銷售數量及金額統計　　時間區間／年月訊息

超市編號	超市名稱	店面編號	店面名稱	現場編號	生產現場	商品群編號	商品群名稱	商品編號	商品名稱	銷售數量	銷售金額	年	月
101	惠中	101-01	敦南店	203	現場三	302	飲料	302-01	碳酸飲料	286	12,008	2012	01
101	惠中	101-01	敦南店	205	現場五	303	零食	303-01	糖果	43	5,573	2012	01
101	惠中	101-02	南東店	203	現場三	302	飲料	302-01	碳酸飲料	240	8,963	2012	01
101	惠中	101-02	南東店	204	現場四	302	飲料	302-02	茶飲料	118	4,098	2012	01
101	惠中	101-02	南東店	204	現場四	302	飲料	302-03	乳品飲料	67	2,189	2012	01
101	惠中	101-02	南東店	201	現場一	301	方便食品	301-01	速食麵	358	15,690	2012	01
101	惠中	101-02	南東店	202	現場二	301	方便食品	301-02	麵包	67	4,067	2012	01
101	惠中	101-02	南東店	202	現場二	301	方便食品	301-02	糕點餅乾	45	5,680	2012	01
101	惠中	101-03	信義店	203	現場三	302	飲料	302-01	碳酸飲料	183	9,220	2012	01
101	惠中	101-03	信義店	204	現場四	302	飲料	302-02	茶飲料	78	3,360	2012	01
101	惠中	101-03	信義店	204	現場四	302	飲料	302-03	乳品飲料	21	861	2012	01
101	惠中	101-03	信義店	201	現場一	301	方便食品	301-01	速食麵	56	2,814	2012	01
101	惠中	101-03	信義店	202	現場二	301	方便食品	301-02	麵包	40	3,918	2012	01
101	惠中	101-03	信義店	202	現場二	301	方便食品	301-03	糕點餅乾	15	1,690	2012	01
101	惠中	101-04	南港店	203	現場三	302	飲料	302-01	碳酸飲料	169	8,691	2012	01
101	惠中	101-04	南港店	204	現場四	302	飲料	302-02	茶飲料	34	1,298	2012	01
101	惠中	101-04	南港店	204	現場四	302	飲料	302-03	乳品飲料	20	838	2012	01
101	惠中	101-04	南港店	201	現場一	301	方便食品	301-01	速食麵	92	3,865	2012	01
101	惠中	101-04	南港店	202	現場二	301	方便食品	301-02	麵包	16	1,567	2012	01

▲ 圖 2 資料表

圖 2 資料表裡面提供的主要訊息包括：

❖ **時間區間**：

2012 年 1 月至 2012 年 12 月。

❖ **商品統計**：

大類「商品群」包括方便食品、飲料、零食等 3 種，小類「商品」包括速食麵、麵包、糕點餅乾、碳酸飲料、茶飲料、乳品飲料、糖果、蜜餞、堅果、肉乾等 10 種。「商品群」及「商品」均有對應的編號。

❖ **現場統計**：

依據商品種類的不同，各商品的生產分配在 6 個不同的現場，每個現場分別生產某一類或者某幾類商品，所有這些商品分別歸併於某一商品群中。

❖ **超市及店面統計：**

共有 3 家超市出售該食品廠的商品，分別是惠中、民達、群立，這 3 家超市各有若干店面。惠中的店面分別是南東店、敦南店、信義店、萬華店、南港店、烏來店。民達的店面分別是站前店、西門店、內湖店、松山店。群立的店面分別是士林店、圓山店、北投店、淡水店。

❖ **銷售數量及銷售金額統計：**

各超市各店面各月各商品的銷售數量以及銷售金額。

❖ **年月訊息：**

以「月」為基本的統計單位，年月訊息以「年」和「月」兩項訊息作顯示。

將上述各種統計資料作組合，共計 803 條記錄。各條資料之間，有著各式各樣的關係，對於我們所需要了解的其中某幾種關係，EXCEL 樞紐分析表會依據803 條記錄的基礎訊息，組合出我們所需的資料。要將資料表整理成新的報表組織形式，便是樞紐分析表的用武之地。

1.3 把資料表變成樞紐分析表

建立樞紐分析表，首先要設計樞紐分析表，需要問自己兩個問題。

❶ 我在計算什麼資料？

❷ 我想看到什麼結果？

搞清楚上述兩個問題，就可以在產生樞紐分析表時有的放矢，具目的性。如何將所取得的資料轉換成樞紐分析表呢？

沿用「CH1-01 資料表」資料，如何在眾多的條目中找出各超市各月各商品群銷售數量的數據呢？請樞紐分析表幫您忙！下面來看看如何使用資料表訊息快速找到答案。

目標 建立各超市各月各商品群銷售數量的統計資料

STEP 01 將「年」、「月」顯示於同一儲存格中。

❶ 打開檔案「CH1-01 資料表」。

❷ 在 O1 儲存格中鍵入「年月」。

❸ 在 O2 儲存格中鍵入「=CONCATENATE（M2,N2）」，表示將 M2 儲存格的訊息和 N2 儲存格的訊息連接起來顯示於 O2 儲存格中，即 O2 儲存格的值為「201201」。

	I	J	K	L	M	N	O	P
							O2	=CONCATENATE(M2,N2)
1	商品編號	商品名稱	銷售數量	銷售金額	年	月	年月	
2	302-01	碳酸飲料	286	12,008	2012	01	201201	
3	303-01	糖果	43	5,573	2012	01		
4	302-01	碳酸飲料	240	8,963	2012	01		
5	302-02	茶飲料	118	4,098	2012	01		
6	302-03	乳品飲料	67	2,189	2012	01		
7	301-01	速食麵	358	15,690	2012	01		
8	301-02	麵包	67	4,067	2012	01		

▲ 圖 3 建立各超市各月各商品群銷售數量的統計資料 -1

❹ 選中 O2 儲存格。

❺ 點擊兩下 O2 儲存格右下角的黑色小方塊。

O
年月
201201

▲ 圖 4 建立各超市各月各商品群銷售數量的統計資料 -2

❻ O2 儲存格的公式複製到 O3~O804 儲存格中。

	I 商品編號	J 商品名稱	K 銷售數量	L 銷售金額	M 年	N 月	O 年月
2	302-01	碳酸飲料	286	12,008	2012	01	201201
3	303-01	糖果	43	5,573	2012	01	201201
4	302-01	碳酸飲料	240	8,963	2012	01	201201
5	302-02	茶飲料	118	4,098	2012	01	201201
6	302-03	乳品飲料	67	2,189	2012	01	201201
7	301-01	速食麵	358	15,690	2012	01	201201
8	301-02	麵包	67	4,067	2012	01	201201
9	301-02	糕點餅乾	45	5,680	2012	01	201201
10	302-01	碳酸飲料	183	9,220	2012	01	201201
11	302-02	茶飲料	78	3,360	2012	01	201201
12	302-03	乳品飲料	21	861	2012	01	201201
13	301-01	速食麵	56	2,814	2012	01	201201
14	301-02	麵包	40	3,918	2012	01	201201
15	301-03	糕點餅乾	15	1,690	2012	01	201201
16	302-01	碳酸飲料	169	8,691	2012	01	201201
17	302-02	茶飲料	34	1,298	2012	01	201201
18	302-03	乳品飲料	20	838	2012	01	201201

O2 儲存格公式列：=CONCATENATE(M2,N2)

▲ 圖 5 建立各超市各月各商品群銷售數量的統計資料 -3

 結果詳見檔案「CH1-02 建立樞紐分析表 01」之「資料表」工作表。

STEP 02 設定樞紐分析表的資料範圍。

 ❶ 打開檔案「CH1-02 建立樞紐分析表 01」之「資料表」工作表。

❷ 選擇報表中任意存有資料的儲存格，例如 C2 儲存格。

	A 超市編號	B 超市名稱	C 店面編號	D 店面名稱	E 現場編號	F 生產現場	G 商品群編號	H 商品群
1	超市編號	超市名稱	店面編號	店面名稱	現場編號	生產現場	商品群編號	商品群
2	101	惠中	101-01	敦南店	203	現場三	302	飲...
3	101	惠中	101-01	敦南店	205	現場五	303	零...
4	101	惠中	101-02	南東店	203	現場三	302	飲...
5	101	惠中	101-02	南東店	204	現場四	302	飲...
6	101	惠中	101-02	南東店	204	現場四	302	飲...

C2 儲存格公式列：101-01

▲ 圖 6 建立各超市各月各商品群銷售數量的統計資料 -4

❸ 點擊工作列「插入」按鍵，並點擊「樞紐分析表→樞紐分析表」。

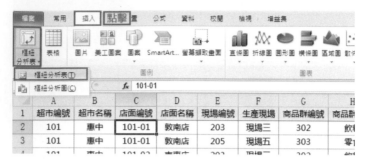

▲ 圖 7 建立各超市各月各商品群銷售數量的統計資料 -5

❹ 在彈出的「建立樞紐分析表」對話方塊中，「表格 / 範圍」自動顯示「資料表 !$A$1:$O$804」。這是 EXCEL 自動捕捉資料表的範圍，該資料表範圍週邊會出現閃爍的虛線。

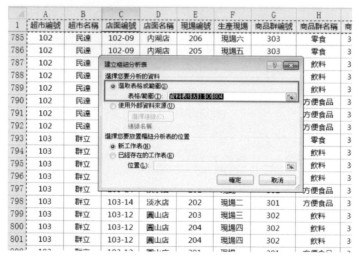

▲ 圖 8 建立各超市各月各商品群銷售數量的統計資料 -6

❺ 檢查 EXCEL 自動捕捉的資料表範圍正確，點擊「確定」。

❻ EXCEL 產生「工作表 1」，這便是「樞紐分析表」的所在地。

▲ 圖 9　建立各超市各月各商品群銷售數量的統計資料 -7

STEP 03 設定樞紐分析表的頁面佈局。

❶ 在「工作表 1」中，資料表範圍內各欄的標題全部羅列在右側的「欄位區」中。

▲ 圖 10　建立各超市各月各商品群銷售數量的統計資料 -8

❷ 按住「欄位區」中「年月」欄位,並拖移至「設計區」中的「欄標籤」下。可以看到,「報表區」中的欄標籤之下,出現各項「年月」的欄位,即「201201」~「201212」。

▲ 圖 11 建立各超市各月各商品群銷售數量的統計資料 -9

❸ 按住「欄位區」中「超市名稱」並拖移至「設計區」的「列標籤」下。

❹ 按住「欄位區」中「商品群名稱」並拖移至「設計區」的「列標籤」下,並置於「超市名稱」之後。

可以看到,「報表區」的「列標籤」下,出現所有「超市名稱」和「商品群名稱」,且「超市名稱」位於「商品群名稱」的上一層,這是因為,在「列標籤」中,「超市名稱」位於「商品群名稱」之上。

▲ 圖 12 建立各超市各月各商品群銷售數量的統計資料 -10

❺ 按住「欄位區」中「銷售數量」並拖移至「設計區」中的「∑ 值」下，可以看到，「報表區」中出現相對應的各超市各月各商品群銷售數量資料。

▲ 圖 13 建立各超市各月各商品群銷售數量的統計資料 -11

❻ 將「工作表 1」重新命名為「把資料表變成樞紐分析表」，並移動至「資料表」工作表之後。

▲ 圖 14 建立各超市各月各商品群銷售數量的統計資料 -12

結果詳見檔案「CH1-02 建立樞紐分析表 02」之「把資料表變成樞紐分析表」工作表。

目標 **建立各超市各月各商品銷售數量的統計資料，
並用「商品群名稱」作為篩選項**

STEP 01 設定單重篩選項。

❶ 打開檔案「CH1-02 建立樞紐分析表 02」之「把資料表變成樞紐分析表」
工作表。

❷ 按住「列標籤」中「商品群名稱」，並拖移至「報表篩選」下。

❸ 按住「欄位區」中「商品名稱」，並拖移至「列標籤」下。

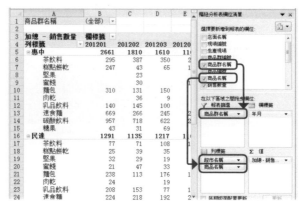

▲ 圖 15 建立各超市各月各商品群銷售數量的統計資料 -13

❹ 可以看到，報表左上角出現「商品群名稱」的篩選項。而報表的統計數據
調整為「各超市各月各商品的銷售數量」。

▲ 圖 16 建立各超市各月各商品群銷售數量的統計資料 -14

結果詳見檔案「CH1-02 建立樞紐分析表 03」之「增加篩選項 1」工作表。

STEP 02 對單重篩選項進行篩選。

❶ 打開檔案「CH1-02 建立樞紐分析表 03」之「增加篩選項 1」工作表。

❷ 點擊報表篩選項「商品群名稱」右側的下拉選單鍵。

❸ 勾選「飲料」。

▲ 圖 17 建立各超市各月各商品群銷售數量的統計資料 -15

❹ 點擊「確定」。

❺ 報表僅僅顯示商品群「飲料」的銷售數量，及相對應的「年月」、「超市名稱」、「商品名稱」等訊息。

▲ 圖 18 建立各超市各月各商品群銷售數量的統計資料 -16

結果詳見檔案「CH1-02 建立樞紐分析表 04」之「增加篩選項 2」工作表。

❻ 打開檔案「CH1-02 建立樞紐分析表 04」之「增加篩選項 2」工作表。

❼ 點擊報表篩選項「商品群名稱」右側的下拉選單鍵。

❽ 勾選「選取多重項目」選項。

❾ 分別勾選「方便食品」和「零食」選項。

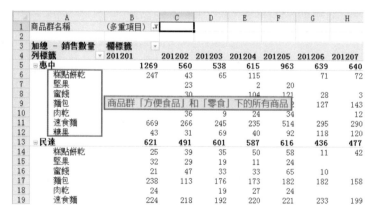

▲ 圖 19 建立各超市各月各商品群銷售數量的統計資料 -17

❿ 點擊「確定」。

⓫ 報表同時顯示商品群「方便食品」和「零食」的銷售數量，以及相對應的「年月」、「超市名稱」、「商品名稱」等訊息。

▲ 圖 20 建立各超市各月各商品群銷售數量的統計資料 -18

結果詳見檔案「CH1-02 建立樞紐分析表 05」之「增加篩選項 3」工作表。

STEP 03 設定多重篩選項。

❶ 打開檔案「CH1-02 建立樞紐分析表 05」之「增加篩選項 3」工作表。

❷ 按住「欄位區」中的「生產現場」,並拖移至「設計區」的「報表篩選」下。

❸ 篩選項「商品群名稱」和「生產現場」均顯示在報表的左上方。

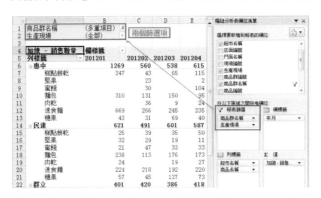

▲ 圖 21 建立各超市各月各商品群銷售數量的統計資料 -19

 結果詳見檔案「CH1-02 建立樞紐分析表 06」之「增加篩選項 4」工作表。

 STEP 04 對多重篩選項進行篩選。

❶ 打開檔案「CH1-02 建立樞紐分析表 06」之「增加篩選項 4」工作表。

❷ 點擊報表篩選項「生產現場」右側的下拉選單鍵。

❸ 分別勾選「現場一」、「現場二」、「現場三」。

▲ 圖 22 建立各超市各月各商品群銷售數量的統計資料 -20

❹ 點擊「確定」。

❺ 在「增加篩選項 4」工作表的基礎上,報表中去除了「現場四」、「現場五」、「現場六」的訊息。

▲ 圖 23 建立各超市各月各商品群銷售數量的統計資料 -21

 結果詳見檔案「CH1-02 建立樞紐分析表 07」之「增加篩選項 5」工作表。

對於「報表篩選」項,還有兩點需要說明。

1. 「報表篩選」項的欄位可與「∑ 值」中的欄位重複。若將「∑ 值」中的欄位移入「報表篩選」項,可透過篩選,指示各數據儲存格是否顯示數據。不過,若將本例中的「加總 - 銷售數量」作為篩選項,並無實際意義。

2. 「欄標籤」、「列標籤」欄位雖然不能與「報表篩選」項的欄位重複,但「欄標籤」、「列標籤」本身就帶有篩選功能。「圖 24 建立各超市各月各商品群銷售數量的統計資料 -22」中,A4 儲存格和 B3 儲存格右側都有下拉選單鍵,可作篩選。

	A	B	C	D	E
1	商品群名稱	(全部) ▼			
2					
3	加總 - 銷售數量	欄標籤 ▼			
4	列標籤 ▼	201201	201202	201203	201
5	⊟惠中	2661	1810	1610	1
6	茶飲料	295	387	350	
7	糕點餅乾	247	43	65	
8	堅果		23		
9	蜜餞		30		
10	麵包	310	131	150	
11	肉乾		36	9	
12	乳品飲料	140	145	100	

▲ 圖 24 建立各超市各月各商品群銷售數量的統計資料 -22

例如 B3 儲存格「欄標籤」的下拉選單中，包括「201201」~「201212」各選項，透過對其中相對應項目的勾選，可以根據篩選出要顯示的月份。

▲ 圖 25 建立各超市各月各商品群銷售數量的統計資料 -23

1.4 樞紐分析表的工作列

EXCEL 中，特別針對樞紐分析表的工具是工作列的「樞紐分析表工具」，「樞紐分析表工具」包括「選項」和「設計」兩大類。

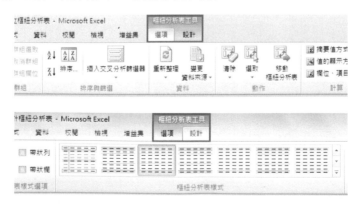

▲ 圖 26 樞紐分析表工具

1.4.1 ▶ 樞紐分析表的「選項」

EXCEL 可以對報表進行各種基礎設定，樞紐分析表也是如此，可以利用「樞紐分析表工具→選項」控制樞紐分析表的各種設定。

一.「**樞紐分析表工具→選項**」之「**樞紐分析表**」：

▲ 圖 27 樞紐分析表的選項 -1

A.「樞紐分析表名稱」：顯示樞紐分析表的名稱。要更改名稱，可刪除文字方塊中的「樞紐分析表 2」，並改寫名稱。

B.「選項」：顯示樞紐分析表的預設設定，並可以對其進行新的設定。

❶「版面配置與格式」，如「圖 28 樞紐分析表的選項 -2」所示。

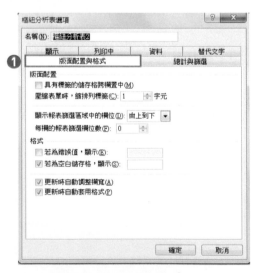

▲ 圖 28 樞紐分析表的選項 -2

版面配置

❖「具有標籤的儲存格跨欄置中」：

若選中，則合併後的列或欄的儲存格，以水準和垂直居中方式顯示。否則在頂部及左側對齊。

❖「壓縮表單時，縮排列標籤」：

當樞紐分析表的顯示為緊湊格式時，若要縮進列標籤區域中的列，可選擇縮進級別 0 到 127。

❖「顯示報表篩選區域中的欄位」：

若選擇「由上到下」，則先從上到下按照欄位的增加順序顯示報表篩選區域中的欄位，然後轉到下一欄。若選擇「由左至右」，則先從左向右按照欄位的增加順序顯示報表篩選區域中的欄位，然後轉到下一列。

❖「每欄的報表篩選欄位數」：

根據「顯示報表篩選區域中的欄位」的設定，選擇轉到下一欄或下一列之前要顯示的欄位數。

格式

❖「若為錯誤值，顯示」：

若選中，則可對錯誤值設定其在儲存格中顯示的、用於替代錯誤消息的文件，例如「無效」。否則保留錯誤值顯示。

❖「若為空白儲存格，顯示」：

若選中，則可對空白儲存格設定其在儲存格中顯示的、用於替代空儲存格的文件，例如「空」。否則保留空白儲存格。

❖「更新時自動調整欄寬」：

若選中，則調整樞紐分析表的欄時，其欄寬自動調整為適合最寬的文件或數值的欄寬。否則維持原欄寬。

❖「更新時自動套用格式」：

若選中，則保存樞紐分析表的佈局和格式，以便每次對樞紐分析表執行操作時都使用該佈局和格式。否則，每次對樞紐分析表執行操作時都使用預設的佈局和格式。

❷「總計與篩選」:

▲ 圖 29 樞紐分析表的選項 -3

總計

- 「顯示列的總計」:
  若選中,則顯示最後一列右側的「總計」列。否則隱藏「總計」列。

- 「顯示欄的總計」:
  若選中,則顯示最後一欄下側的「總計」欄。否則隱藏「總計」欄。

篩選

- 「篩選的頁面項目小計」:
  若選中,則小計中包含經過報表篩選的項。否則小計中排除經過報表篩選的項。

- 「允許每個欄位有多個篩選」:
  若選中,則進行小計和總計計算時包含所有值,包括透過篩選隱藏的值。否則進行小計和總計計算時只包括顯示的項。

排序

- 「排序時,使用自訂清單」:
  若選中,則進行排序時啟用自訂清單。否則禁用自訂清單。

❸「顯示」：

▲（圖 30）樞紐分析表的選項 -4

顯示

- 「顯示展開 / 摺疊按鈕」：
  若選中，則顯示用來展開或摺疊列或欄標籤的加號或減號按鈕。否則隱藏加號或減號按鈕。

- 「顯示關聯式工具提示」：
  若選中，則顯示可以顯示有關欄位或資料值的值、行或列訊息的工具提示。否則隱藏工具提示。

- 「在工具提示顯示內容」：
  若選中，則顯示用來顯示項目屬性訊息的工具提示。否則隱藏工具提示。

- 「顯示欄位標題和篩選下拉式清單」：
  若選中，則顯示樞紐分析表頂部的樞紐分析表標題以及列和欄標籤上的篩選下拉箭頭。否則隱藏。

- 「古典樞紐分析表版面配置」：
  若選中，則啟用將欄位拖到或拖出樞紐分析表的功能。否則禁用。

- 「顯示數值列」：
  若選中，則顯示沒有值的列項目。否則隱藏。

- 「顯示列中未包含資料的項目」：
  若選中，則顯示沒有值的列項目。否則隱藏。

- 「顯示欄中未包含資料的項目：
  若選中，則顯示沒有值的欄項目。否則隱藏。

- 「值區域中沒有欄位時，顯示項目標籤」：
  若選中，則在值區域中沒有欄位時顯示項目標籤。否則隱藏。

欄位清單

若選擇「從 A 到 Z 排序」，則按字母 A 到 Z 的排序對樞紐分析表欄位清單中的欄位進行排序。若選擇「以資料來源順序排序」，則按外部資料來源指定的順序對樞紐分析表欄位清單中的欄位進行排序。

❹「列印中」：

▲ 圖 31　樞紐分析表的選項 -5

- 「顯示於樞紐分析表時，列印展開 / 摺疊按鈕」：
  若選中，則在列印樞紐分析表時顯示展開和摺疊按鈕。否則隱藏。

- 「重複列標籤於每個列印頁」：
  若選中，則樞紐分析表的每個列印頁上重複列標籤區域的當前項目標籤。否則不重複。

- 「設定列印標題」：
  若選中，則在樞紐分析表的每個列印頁上重複列和欄的欄位標題以及目前項目標籤。否則不重複。

❺「資料」：

▲ 圖 32　樞紐分析表的選項 -6

樞紐分析表資料

- 「以檔案儲存來源資料」：
  若選中，則將來自外部資料來源的資料與工作簿一起保存。否則不保存。

- 「啟用顯示詳細資料」：
  若選中，則啟用資料來源中的明細資料，然後將這些資料顯示在新工作表中。否則禁用。

- 「檔案開啟時自動更新」：

  若選中，則在打開包含此樞紐分析表的 Excel 工作簿時刷新資料。否則不刷新。

- 「保留資料來源中被刪除的項目—每個欄位要保留的項目數」：

  指定每個欄位與工作簿一起臨時緩存的項目數。若選擇「自動」，則每欄位具有預設個數的唯一項。若選擇「無」，則每欄位無唯一項。若選擇「最大值」，則每個欄位的唯一項目的最大個數最多可指定 1,048,576 個項目。

二.「樞紐分析表工具→選項」之「作用中欄位」：

▲ 圖 33 樞紐分析表的選項 -7

A.「作用中欄位」：目前在工作表中被操作的儲存格的欄位。

B.「欄位設定」：對作用中的欄位進行「值的欄位設定」。

設定內容主要包括如下 4 點。

❶「自訂名稱」：定義欄位名稱。將在 3.1 章節舉例說明。

❷「摘要值的顯示方式」：確定報表數據的統計計算方式。將在 3.5 章節舉例說明。

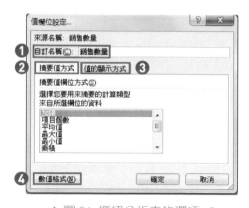

▲ 圖 34 樞紐分析表的選項 -8

❸「值得顯示方式」：對原始數據的計算結果進行進一步的比較等計算。將在 4.1 章節舉例說明。

❹「數值格式」：設定儲存格格式。將在 3.5 章節舉例說明。

三 .「群組」：

▲ 圖 35 樞紐分析表的選項 -9

A.「群組選取」：將具有相同特性的項目建立成組。將在 3.6 章節舉例說明。

B.「取消群組」：撤銷已建立的群組。

C.「群組欄位」：設定群組的開始點、結束點、間距值。

▲ 圖 36 樞紐分析表的選項 -10

四 .「排序與篩選」：

▲ 圖 37 樞紐分析表的選項 -11

A.「排序」：對於各儲存格的訊息，按照設定的規則排序。將在 4.3 章節舉例說明。

B.「插入交叉分析篩選器」：篩選樞紐分析表中的數據，且可對多張樞紐分析表同時操作。將在 3.8 章節舉例說明。

五.「資料」:

▲ 圖 38 樞紐分析表的選項 -12

A.「重新整理」:更新所有從資料來源取得的訊息。

B.「變更資料來源」:變更資料來源的範圍。

六.「動作」:

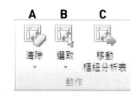

▲ 圖 39 樞紐分析表的選項 -13

A.「清除」:移除欄位、格式設定、篩選等。

B.「選取」:選取樞紐分析表的項目。

C.「移動樞紐分析表」:將樞紐分析表移動到檔案中的其他位置。

七.「計算」:

▲ 圖 40 樞紐分析表的選項 -14

A.「摘要值方式」:已作論述。

B.「值的顯示方式」:已作論述。

C.「欄位、項目和集」:建立並且修改計算的欄位和項目。將在 4.2 章節舉例說明。

八.「工具」：

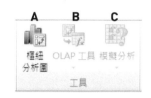

▲ 圖 41 樞紐分析表的選項 -15

A.「樞紐分析圖」：根據樞紐分析表的資料建立樞紐分析圖。將在 6.4 章節舉例說明。

B.「OLAP 工具」：使用連接到 OLAP 資料來源的樞紐分析表。

C.「模擬分析」：嘗試樞紐分析表不同的資料來源。

九.「顯示」：

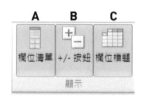

▲ 圖 42 樞紐分析表的選項 -16

A.「欄位清單」：若選中，則顯示欄位區和設計區。

B.「+/- 按鈕」：若選中，則顯示用來展開或摺疊列或欄標籤的加號或減號按鈕。

C.「欄位標題」：若選中，則顯示各個欄位標題。

1.4.2 ▶ 樞紐分析表的「設計」

樞紐分析表的主題、色彩等可以依據作者要求調整，並設有多種備選項供選擇，可以利用各種工具進行「美化」。對於上述已產生的樞紐分析表，可以透過工作列中「樞紐分析表工具→設計」的選項對報表進行各種設定。

❶ 打開檔案「CH1-03 設計樞紐分析表 01」之「樞紐分析表」。

❷ 點擊工作列「樞紐分析表工具→設計」按鍵，「版面配置」之「小計」項目有 3 個選項，分別是「不要顯示小計」、「在群組的底端顯示所有小計」、「在群組的頂端顯示所有小計」。

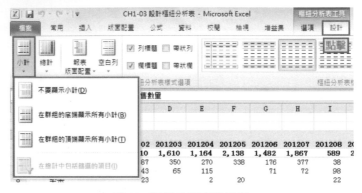

▲圖 43 樞紐分析表的設計 -1

❸ 樞紐分析表預設的「小計」顯示方式是「在群組的頂端顯示所有小計」，如「圖 44 樞紐分析表的設計 -2」中的「小計」列，顯示於群組的頂端。

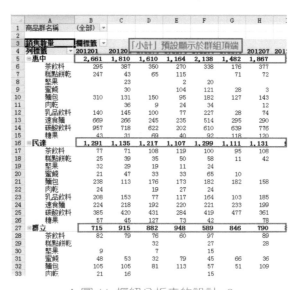

▲圖 44 樞紐分析表的設計 -2

結果詳見檔案「CH1-03 設計樞紐分析表 01」之「樞紐分析表」工作表。

❹ 點擊「小計 →不要顯示小計」，則「圖 45 樞紐分析表的設計 -3」中的「小計」列顯示之處無訊息了。

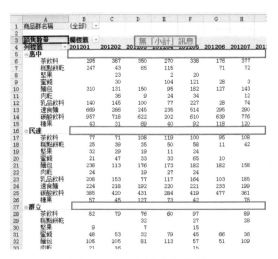

▲ 圖 45 樞紐分析表的設計 -3

 結果詳見檔案「CH1-03 設計樞紐分析表 02」之「設計 -1」工作表。

❺ 點擊「小計→在群組的底端顯示所有小計」，則報表增加「超市名稱 合計」列，在各群組底端顯示「小計」訊息。

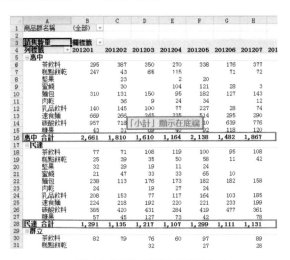

▲ 圖 46 樞紐分析表的設計 -4

 結果詳見檔案「CH1-03 設計樞紐分析表 02」之「設計 -2」工作表。

❻「版面配置」之「總計」項目有4個選項，分別是「關閉列與欄」、「開啟列與欄」、「僅開啟列」、「僅開啟欄」。

▲ 圖 47 樞紐分析表的設計 -5

❼ 樞紐分析表預設的「總計」顯示方式是「開啟列與欄」，如「圖 48 樞紐分析表的設計 -6」中的「總計」行，顯示於列的最下端和欄的最右端。

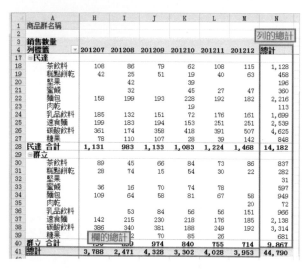

▲ 圖 48 樞紐分析表的設計 -6

 結果詳見檔案「CH1-03 設計樞紐分析表 02」之「設計 -2」工作表

❽ 在「設計 -2」工作表基礎上，點擊「總計→僅開啟列」，則「圖 49 樞紐分析表的設計 -7」中原「欄的總計」顯示之處無顯示訊息了，而「列的總計」顯示仍保留。

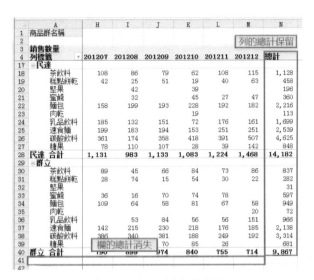

▲ 圖 49 樞紐分析表的設計 -7

結果詳見檔案「CH1-03 設計樞紐分析表 02」之「設計 -3」工作表。

❾ 點擊「總計→僅開啟欄」,則「圖 50 樞紐分析表的設計 -8」中原「列的總
計」顯示之處無顯示訊息了,而「欄的總計」顯示仍保留。

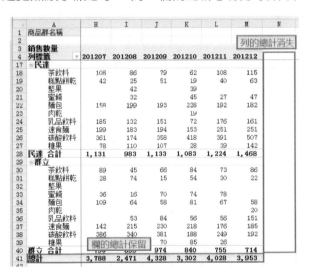

▲ 圖 50 樞紐分析表的設計 -8

結果詳見檔案「CH1-03 設計樞紐分析表 02」之「設計 -4」工作表。

⑩「版面配置」之「報表版面配置」項目有 5 個選項，分別是「以壓縮模式顯示」、「以大綱模式顯示」、「以列表方式顯示」，以及「重複所有項目列標籤」、「不要重複項目標籤」。

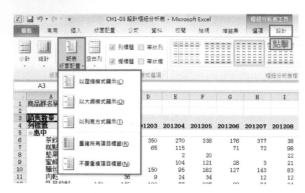

▲ 圖 51 樞紐分析表的設計 -9

⑪ 樞紐分析表預設的「報表版面配置」顯示方式是「以壓縮模式顯示」且「不要重複項目標籤」，如「圖 52 樞紐分析表的設計 -10」中的「報表版面配置」。其中，「列標籤」下的各項目同時顯示在 A 欄，該欄的標題以「列標籤」命名，不同項目錯列顯示。本例中，「超市名稱」和「商品名稱」兩個項目同時顯示在 A 欄。

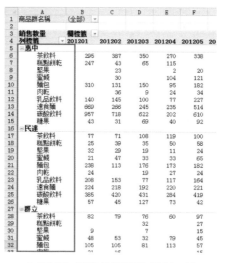

▲ 圖 52 樞紐分析表的設計 -10

 結果詳見檔案「CH1-03 設計樞紐分析表 02」之「設計 -4」工作表。

⑫ 在「設計-1」工作表的基礎上,點擊「報表版面配置→以大綱模式顯示」,「列標籤」下的各項目分別顯示在 A 欄、B 欄、C 欄……各欄的標題以「項目名」命名,不同項目錯列顯示。本例中,「超市名稱」和「商品名稱」兩個項目分別顯示在 A 欄和 B 欄,欄標題分別為「超市名稱」和「商品名稱」,如「圖 53 樞紐分析表的設計-11」所示。

	A	B	C	D	E	F	G	H
1	商品群名稱	(全部)						
2								
3	銷售數量		年月					
4	超市名稱	商品名稱	201201	201202	201203	201204	201205	201206
5	⊟惠中							
6		茶飲料	295	387	350	270	338	176
7		糕點餅乾	247	43	65	115		71
8		堅果		23		2	20	
9		蜜餞		30		104	121	28
10		麵包	310	131	150	95	182	127
11		肉乾		36	9	24	34	
12		乳品飲料	140	145	100	77	227	28
13		速食麵	669	266	245	235	514	295
14		碳酸飲料	957	718	622	202	610	639
15		糖果	43	31	69	40	92	118
16	⊟民達							
17		茶飲料	77	71	108	119	100	95
18		糕點餅乾	25	39	35	50	58	11
19		堅果	32	29	19	11	24	
20		蜜餞	21	47	33	33	65	10
21		麵包	238	113	176	173	182	182
22		肉乾	24		19	27	24	
23		乳品飲料	208	153	77	117	164	103
24		速食麵	224	218	192	220	221	233
25		碳酸飲料	385	420	431	284	419	477
26		糖果	57	45	127	73	42	
27	⊟群立							
28		茶飲料	82	79	76	60	97	

▲ 圖 53 樞紐分析表的設計-11

結果詳見檔案「CH1-03 設計樞紐分析表 02」之「設計-5」工作表。

⑬ 點擊「報表版面配置→以列表方式顯示」,「列標籤」下的各項目分別顯示在 A 欄、B 欄、C 欄……各欄的標題以「項目名」命名,不同項目的首列同列顯示,如下頁「圖 54 樞紐分析表的設計-12」所示。

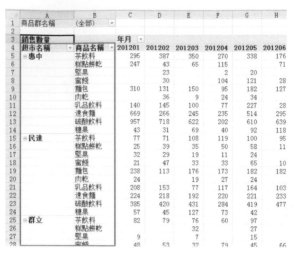

▲ 圖 54 樞紐分析表的設計 -12

 結果詳見檔案「CH1-03 設計樞紐分析表 02」之「設計 -6」工作表。

⓮ 點擊「報表版面配置→重複所有項目列標籤」，各「商品群名稱」重復顯示，即 B 欄「商品名稱」之前的 A 欄各儲存格均顯示「商品群名稱」。如「圖 55 樞紐分析表的設計 -13」所示。

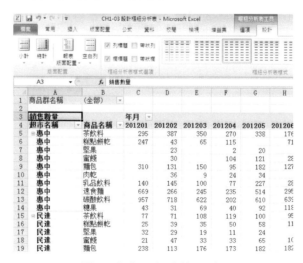

▲ 圖 55 樞紐分析表的設計 -13

 結果詳見檔案「CH1-03 設計樞紐分析表 02」之「設計 -7」工作表。

⓯「版面配置」之「空白列」項目有兩個選項，分別是「每一項之後插入空白行」、「每一項之後移除空白行」。

▲ 圖 56 樞紐分析表的設計 -14

⓰ 樞紐分析表預設的「空白列」顯示方式是「每一項之後移除空白行」，即各列訊息之間沒有空白列。

⓱ 在「設計 -7」工作表的基礎上，點擊「空白列→每一項之後插入空白行」，則每個商品群訊息之間出現了空白列。

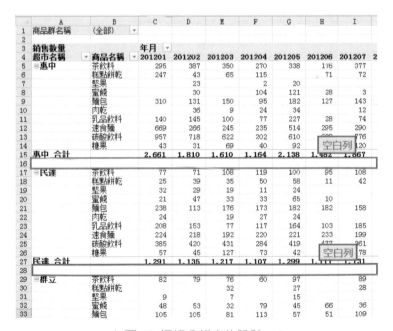

▲ 圖 57 樞紐分析表的設計 -15

 結果詳見檔案「CH1-03 設計樞紐分析表 02」之「設計 -8」工作表。

⓲「樞紐分析表樣式選項」有 4 個選項，分別是「列標題」、「欄標題」、「帶狀列」、「帶狀欄」。

▲ 圖 58 樞紐分析表的設計 -16

⓳「列標題」或「欄標題」指報表的「列標題」或「欄標題」是否以粗体字顯示。系統預設「列標題」或「欄標題」為粗体字顯示，即在「列標題」或「欄標題」之前打勾。

⓴「帶狀列」或「帶狀欄」指報表中隔列或隔欄用色帶間隔開。系統預設隔列隔欄不用色帶間隔。

㉑ 在「設計 -8」工作表的基礎上，勾選「樞紐分析表樣式選項→帶狀列」，各列之間用色帶間隔，結果如「圖 59 樞紐分析表的設計 -17」所示。

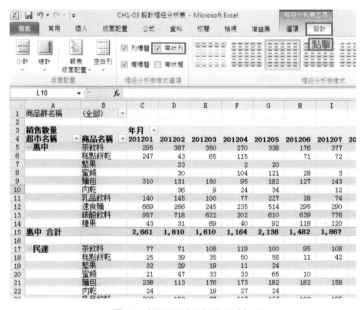

▲ 圖 59 樞紐分析表的設計 -17

 結果詳見檔案「CH1-03 設計樞紐分析表 02」之「設計 -9」工作表。

㉒ 在「設計 -8」工作表的基礎上，勾選「樞紐分析表樣式選項→帶狀欄」，
各欄之間用色帶間隔，結果如「圖 60 樞紐分析表的設計 -18」所示。

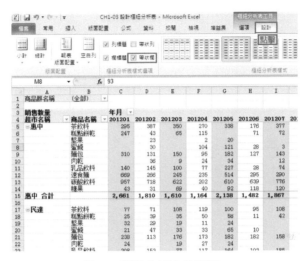

▲ 圖 60 樞紐分析表的設計 -18

 結果詳見檔案「CH1-03 設計樞紐分析表 02」之「設計 -10」工作表。

㉓「樞紐分析表樣式」有多個樣式選項，不同的「樞紐分析表樣式」呈現出
不同的報表樣式。本例中，系統預設的樣式為列標題淺藍色、隔行灰色顯
示。如「圖 61 樞紐分析表的設計 -19」所示。

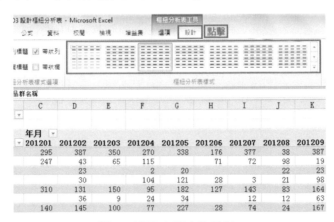

▲ 圖 61 樞紐分析表的設計 -19

 結果詳見檔案「CH1-03 設計樞紐分析表 02」之「設計 -10」工作表。

㉔ 在「設計 -10」工作表的基礎上，點擊預設樣式所在列的第 1 種樣式。

▲ 圖 62 樞紐分析表的設計 -20

㉕ 呈現效果如「圖 63 樞紐分析表的設計 -21」所示。

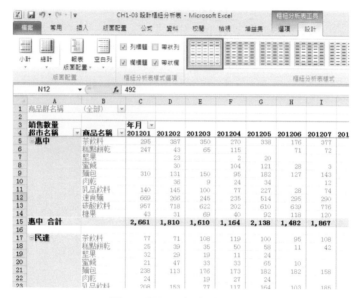

▲ 圖 63 樞紐分析表的設計 -21

 結果詳見檔案「CH1-03 設計樞紐分析表 02」之「設計 -11」工作表。

1.5 查詢報表的資料源

若想查看某年月的銷售數量由哪些基礎資料提供，如何操作呢？例如，要查詢「CH1-04 查詢報表的資料來源 -01」中，2012 年 3 月惠中麵包的銷售數量詳情。

❶ 打開檔案「CH1-04 查詢報表的資料來源 01」之「樞紐分析表」工作表。

❷ 選中 D9 儲存格。

❸ 按兩下滑鼠。

	A	B	C	D	E	F
1	商品群名稱	(多重項目) ▼				
2						
3	加總 - 銷售數量	欄標籤 ▼				
4	列標籤 ▼	201201	201202	201203	201204	201205
5	⊟惠中	1269	560	538	615	963
6	糕點餅乾	247	43	65	115	
7	堅果				2	20
8	蜜餞			104	121	
9	麵包	310	131	150	95	182
10	肉乾		36	9	24	34
11	速食麵	669	266	245	235	514
12	糖果	43	31	69	40	92
13	⊟民達	621	491	601	587	616
14	糕點餅乾	25	39	35	50	58
15	堅果	32	29	19	11	24

（選中並按兩下滑鼠）

▲ 圖 64 查詢報表的資料源 -01

❹ EXCEL 自動產生 1 張新的工作表，命名為「工作表 1」，安插在「樞紐分析表」工作表之前。「工作表 1」顯示所有 2012 年 3 月惠中麵包的銷售記錄。

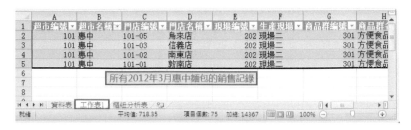

	A	B	C	D	E	F	G	H
1	超市編號 ▼	超市名稱 ▼	門店編號 ▼	門店名稱 ▼	現場編號 ▼	生產現場 ▼	商品群編號 ▼	商品群名
2	101	惠中	101-05	烏來店	202	現場二	301	方便食品
3	101	惠中	101-03	信義店	202	現場二	301	方便食品
4	101	惠中	101-02	南東店	202	現場二	301	方便食品
5	101	惠中	101-01	敦南店	202	現場二	301	方便食品

（所有2012年3月惠中麵包的銷售記錄）

資料表 工作表 樞紐分析表
平均值:718.35　項目個數:75　加總:14367　100%

▲ 圖 65 查詢報表的資料源 -02

結果詳見檔案「CH1-04 查詢報表的資料來源 02」之「工作表 1」工作表。

❺ 核對「圖 66 查詢報表的資料源 03」中各店面銷售數量之和為 150，與「樞紐分析表」工作表的 D9 儲存格相符。

	F	G	H	I	J	K	L	M
	生產現場 ▾	商品群編號 ▾	商品群名稱 ▾	商品編號 ▾	商品名稱 ▾	銷售數量 ▾	銷售金額 ▾	年
2	現場二	301	方便食品	301-02	麵包	6	532	2012
3	現場二	301	方便食品	301-02	麵包	42	3717	2012
4	現場二	301	方便食品	301-02	麵包	64	4300	2012
5	現場二	301	方便食品	301-02	麵包	38	3252	2012
6								
7			銷售數量之和為 150，與「樞紐分析表」工作表的 D9 儲存格相符					

▲（圖 66）查詢報表的資料源 -03

 結果詳見檔案「CH1-04 查詢報表的資料來源 02」之「工作表 1」工作表。

1.6 實戰練習

請利用檔案「CH1-01 資料表」之「資料表」工作表的訊息，完成下列任務：

1. 建立各超市各月各商品銷售金額的統計資料。

2. 以「商品名稱」作為報表篩選項，篩選出糖果、乳品飲料、速食麵三者，在各超市各月銷售金額的統計資料。

3. 同時以「年月」作為報表篩選項，篩選出 2012 年上半年，糖果、乳品飲料、速食麵三者，在各超市銷售金額的統計資料。

4. 找出 2012 年 3 月，糖果在惠中超市銷售金額的明細。

Note

2

整理樞紐分析表的資料源

上一章中，我們利用資料表製作了各超市各商品群或各商品的銷售數量的分析報表。由於資料表清單中的數據完整、有序，在產生樞紐分析表時可以順利完成。然而，並不是每份數據資料都能快速變成樞紐分析表的。有時候，我們取得的資料因為各式各樣的缺陷，需經過處理才能產生樞紐分析表。

本章節將介紹實際工作中的一些技巧，用於整理樞紐分析表的資料表。當我們製作樞紐分析表時，若是發現報表結果與我們的預期不一致，或是 EXCEL 在產生報表的過程中直接報錯，我們要靜下心來檢查資料表是否合格。資料表的原始編排方式必須依據規定的格式，若存在問題，則要先加工資料表再製作樞紐分析表，不然很可能建立錯誤的報表，或者根本無法建立報表。

2.1 第一列應是標題名稱

運用樞紐分析表建立報表時，會自動把資料表的第一列作為標題，即報表的欄位，放在「欄位區」，作為建立報表的依據。

	A	B	C	D	E	F	G	H	I
1	超市編號	超市名稱	店面編號	店面名稱	現場編號	生產現場	商品群編號	商品群名稱	商品
2	101	惠中	101-01	敦南店	203	現場三	302	飲料	302-
3	101	惠中	101-01	敦南店	205	現場五	303	零食	303-
4	101	惠中	101-02	南東店	203	現場三	302	飲料	302-
5	101	惠中	101-02	南東店	204	現場四	302	飲料	302-
6	101	惠中	101-02	南東店	204	現場四	302	飲料	302-
7	101	惠中	101-02	南東店	201	現場一	301	方便食品	301-
8	101	惠中	101-02	南東店	202	現場二	301	方便食品	301-
9	101	惠中	101-02	南東店	202	現場二	301	方便食品	301-

▲ 圖 1 第一列應是標題名稱 -01

▲ 圖 2 第一列應是標題名稱 -02

在建立報表時，如果資料表第一列不是標題，這份資料表仍可建立樞紐分析表。但是，由於第一列資料被認定為標題，報表對第一列資料不做計算，會造成資料統計的錯誤。

為避免此問題，在建立報表之前，先檢查資料表的第一列，如果第一列為資料，則在第一列之上插入一列，並補上標題。

2.2 第一欄是標題名稱時要轉置

「圖 3 第一欄是標題名稱時要轉置 -01」中，資料表的標題放在了第一欄。而 EXCEL 在運行樞紐分析表時，是以第一列的欄位為標題名稱的，因此須先將欄標題轉置為列標題，再產生樞紐分析表。

	A	B	C	D	E	F	G	H	I
1	超市編號	101	101	101	101	101	101	101	101
2	超市名稱	專中	專中	專中	專中	專中	專中	專中	專中
3	店面編號	101-01	101-02	101-02	101-02	101-03	101-03	101-03	101-04
4	店面名稱	致南店	南東店	南東店	南東店	信義店	信義店	信義店	南港店
5	現場編號	203	203	204	204	203	204	204	203
6	生產現場	現場三	現場三	現場四	現場三	現場三	現場四	現場四	現場三
7	商品群編號	302	302	302	302	302	302	302	302
8	商品群名稱	飲料	飲料	飲料	飲料	飲料	飲料	飲料	飲料
9	商品編號	302-01	302-01	302-02	302-03	302-01	302-03	302-03	302-01
10	商品名稱	碳酸飲料	碳酸飲料	茶飲料	乳品飲料	碳酸飲料	茶飲料	乳品飲料	碳酸飲料
11	銷售數量	286	240	118	67	183	78	21	169
12	銷售金額	12,008	8,963	4,098	2,189	9,220	3,360	861	8,691
13	年	2012	2012	2012	2012	2012	2012	2012	2012
14	月	01	01	01	01	01	01	01	01
15	年月	201201	201201	201201	201201	201201	201201	201201	201201

▲ 圖 3 第一欄是標題名稱時要轉置 -01

面對龐大的資料如何輕鬆轉置呢？步驟如下。

❶ 打開檔案「CH2-01 第一欄是標題名稱時要轉置 01」之「資料表」工作表。

❷ 選擇資料表中的所有資料。

❸ 右鍵點擊滑鼠，選擇「複製」。

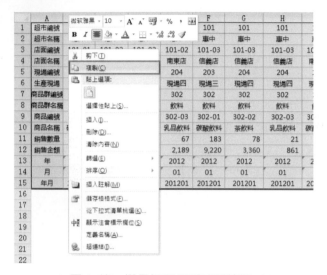

▲ 圖 4 第一欄是標題名稱時要轉置 -02

❹ 選擇資料表以外的空白儲存格。

❺ 右鍵點擊滑鼠，選擇「貼上選項→轉置」。

▲ 圖 5 第一欄是標題名稱時要轉置 -03

❻ 原本以第一欄為標題的資料表轉置成以第一列為資料表。

	A	B	C	D	E	F	G	H	I	J
1	超市編號	101	101	101	101	101	101	101	101	101
2	超市名稱	車中	車中	車中	車中	車中	車中	車中	車中	
3	店面編號	101-01	101-02	101-02	101-02	101-03	101-03	101-03	101-04	101-04
4	店面名稱	敦南店	南東店	南東店	南東店	信義店	信義店	信義店	南港店	南港店
5	現場編號	203	203	204	204	204	204	204	203	204
6	生產現場	現場三	現場三	現場四	現場四	現場三	現場四	現場四	現場三	現場四
7	商品群編號	302	302	302	302	302	302	302	302	302
8	商品群名稱	飲料	飲料	飲料	飲料	飲料	飲料	飲料	飲料	飲料
9	商品編號	302-01	302-01	302-02	302-03	302-01	302-02	302-03	302-01	302-02
10	商品名稱	碳酸飲料	碳酸飲料	茶飲料	乳品飲料	碳酸飲料	茶飲料	乳品飲料	碳酸飲料	茶飲料
11	銷售數量	286	240	118	67	183	78	21	169	34
12	銷售金額	12,008	8,963	4,098	2,189	9,220	3,360	861	8,691	1,298
13	年	2012	2012	2012	2012	2012	2012	2012	2012	2012
14	月	01	01	01	01	01	01	01	01	01
15	年月	201201	201201	201201	201201	201201	201201	201201	201201	201201
16										
17	超市編號	超市名稱	店面編號	店面名稱	現場編號	生產現場	商品群編號	商品群名稱	商品編號	商品名稱
18	101	車中	101-01	敦南店	203	現場三	302	飲料	302-01	碳酸飲料
19	101	車中	101-02	南東店	203	現場三	302	飲料	302-01	碳酸飲料
20	101	車中	101-02	南東店	204	現場四	302	飲料	302-02	茶飲料
21	101	車中	101-02	南東店	204	現場四	302	飲料	302-03	乳品飲料
22	101	車中	101-03	信義店	204	現場四	302	飲料	302-01	碳酸飲料
23	101	車中	101-03	信義店	204	現場四	302	飲料	302-02	茶飲料
24	101	車中	101-03	信義店	204	現場四	302	飲料	302-03	乳品飲料

▲ 圖 6 第一欄是標題名稱時要轉置 04

❼ 刪除「轉置前的表格」，即得到所需格式的資料表。

	A	B	C	D	E	F	G	H	
1	超市編號	超市名稱	店面編號	店面名稱	現場編號	生產現場	商品群編號	商品群名稱	商
2	101	車中	101-01	敦南店	203	現場三	302	飲料	30
3	101	車中	101-02	南東店	203	現場三	302	飲料	30
4	101	車中	101-02	南東店	204	現場四	302	飲料	30
5	101	車中	101-02	南東店	204	現場四	302	飲料	30
6	101	車中	101-03	信義店	204	現場四	302	飲料	30
7	101	車中	101-03	信義店	204	現場四	302	飲料	30
8	101	車中	101-03	信義店	204	現場四	302	飲料	30
9	101	車中	101-04	南港店	203	現場四	302	飲料	30
10	101	車中	101-04	南港店	204	現場四	302	飲料	30
11	101	車中	101-05	鳥來店	203	現場四	302	飲料	30
12	101	車中	101-05	鳥來店	204	現場四	302	飲料	30
13	101	車中	101-05	鳥來店	204	現場四	302	飲料	30
14	101	車中	101-05	鳥來店	201	現場一	301	方便食品	30
15	102	民達	102-10	站前店	201	現場一	301	方便食品	30
16	102	民達	102-10	站前店	202	現場二	301	方便食品	30
17	102	民達	102-10	站前店	203	現場三	302	飲料	30

▲ 圖 7 第一欄是標題名稱時要轉置 -05

 結果詳見檔案「CH2-01 第一欄是標題名稱時要轉置 02」之「變更後的資料表」工作表。

2.3 標題欄位名不能有空白儲存格

建立樞紐分析表時，EXCEL 不允許標題欄位含有空白儲存格。「圖 8　第一欄是標題名稱時要轉置 -01」中，可以看到標題欄位的 D1 儲存格為空白儲存格。

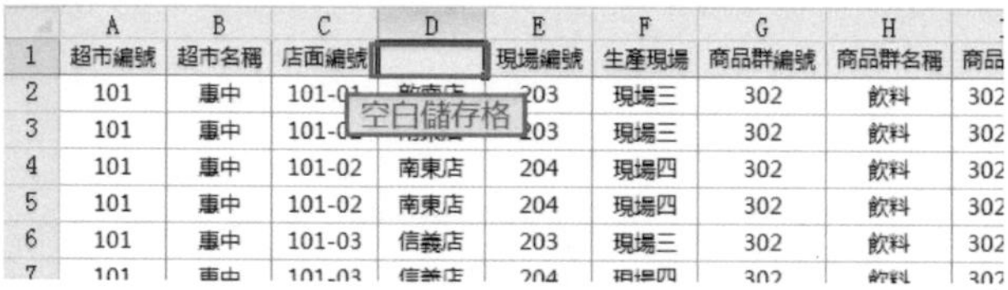

	A	B	C	D	E	F	G	H	
1	超市編號	超市名稱	店面編號		現場編號	生產現場	商品群編號	商品群名稱	商品
2	101	車中	101-01	新南店	203	現場三	302	飲料	302
3	101	車中	101-0	空白儲存格	203	現場三	302	飲料	302
4	101	車中	101-02	南東店	204	現場四	302	飲料	302
5	101	車中	101-02	南東店	204	現場四	302	飲料	302
6	101	車中	101-03	信義店	203	現場三	302	飲料	302
7	101	車中	101-03	信義店	204	現場四	302	飲料	302

▲ 圖 8 第一欄是標題名稱時要轉置 -01

當標題欄位含有空白儲存格時，在執行「插入樞紐分析表」指令時 EXCEL 會跳出錯誤訊息視窗，不允許繼續建立樞紐分析表。

Microsoft Excel

⚠ 樞紐分析表欄位名稱無效。若要建立樞紐分析表，必須要使用包含有欄位名稱的清單資料。如果您要變更樞紐分析表欄位的名稱，您必須鍵入新的欄位名稱。

確定

這項資訊有幫助嗎?

▲ 圖 9 第一欄是標題名稱時要轉置 -02

此時，在 D1 儲存格中填入標題名稱，即可繼續建立樞紐分析表。

2.4 資料表中不能有空列或空格

建立樞紐分析表時，EXCEL 將連續的儲存格資料自動判斷為資料表的範圍，若資料表中有空列，會導致 EXCEL 誤判資料表的範圍。

「圖 10資料表中不能有空列或空格」中，資料表存在空列，則 EXCEL 在自動指定資料表時，會以空列為依據，作為資料表的界限，原來的完整資料表被分作兩組資料表。如此，造成 EXCEL 獲取資料不足，建立的報表錯誤。此時，需先刪除第 10 列再產生樞紐分析表。

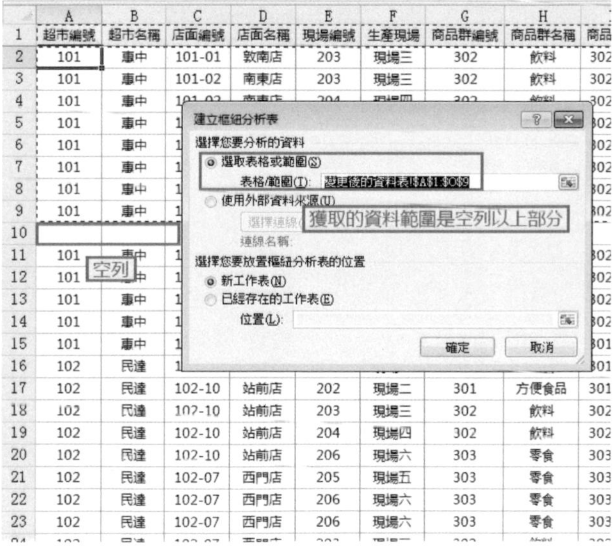

▲ 圖 10 資料表中不能有空列或空格

對於空欄，同樣需要先刪除空欄再產生樞紐分析表。

當資料表中出現空格時，EXCEL 自動將空格所在的欄記作「文件格式」。在計算時將對「文件格式」的儲存格作「計數」處理，而非進行「加總」、「求百分比」等數學計算。對於數值型的表格，我們可以在空白儲存格中填入「0」。

2.5 資料表中不能有合計儲存格

所選取的資料表，如果夾雜著格式有誤的資料，會影響統計的輸出結果。最常見的情況是，資料表中含有「合計儲存格」。如「圖 11 資料表中不能有合計儲存格 -01」所示。

	G	H	I	J	K	L	M	N
1	商品群編號	商品群名稱	商品編號	商品名稱	銷售數量	銷售金額	年	月
50	303	零食	303-04	肉乾	21	2,580	2012	01
51	302	飲料	302-02	茶飲料	56	2,261	2012	01
52	302	飲料	302-03	乳品飲料	90	4,372	2012	01
53	301	方便食品	301-01	速食麵	124	7,872	2012	01
54	301	方便食品	301-02	麵包	78	6,753	2012	01
55	301	方便食品	301-01	速食麵	30	1,990	2012	01
56	301	方便食品	301-02	麵包	27	2,521	2012	01
57	303	零食	303-01	糖果	64	6,975	2012	01
58	302	飲料	302-01	碳酸飲料	92	5,047	2012	01
59	302	飲料	302-02	茶飲料	36	1,902	2012	01
60	302	飲料	302-03	乳品飲料	90	90	2012	01
61				201201合計	4,667	269,416		
62	302	飲料	302-01	碳酸飲料	321	14,673	2012	02
63	302	飲料	302-02	茶飲料	165	4,950	2012	02
64	302	飲料	302-03	乳品飲料	98	3,098	2012	02
65	301	方便食品	301-01	速食麵	145	5,820	2012	02
66	303	零食	303-02	蜜餞	30	2,617	2012	02
67	303	零食	303-03	堅果	19	2,324	2012	02
68	303	零食	303-04	肉乾	36	3,102	2012	02

（合計儲存格）

▲ 圖 11 資料表中不能有合計儲存格 -01

 結果詳見檔案「CH2-02 資料表中不能有合計儲存格 -01」之「資料表」工作表。

用樞紐分析表建立報表時，EXCEL 會計算資料表中的所有資料。若含有合計儲存格資料，也會被計算並顯示在報表中。如果將「圖 11 資料表中不能有合計儲存格 -01」中的資料表產生樞紐分析表，則會出現「圖 12 資料表中不能有合計儲存格 -02」中第 38 列和第 39 列，這是不該出現的訊息。

A	J	K	L	M	N	O
1 商品群名稱						
2						
3 加總 – 銷售數量						
4 列標籤	201209	201210	201211	201212	(空白)	總計
17 　茶飲料	79	62	108	115		1128
18 　糕點餅乾	51	19	40	63		458
19 　堅果			39			196
20 　蜜餞			45	27	47	360
21 　麵包	193	228	192	182		2216
22 　肉乾			19			113
23 　乳品飲料	151	72	176	161		1699
24 　速食麵	194	153	251	251		2539
25 　碳酸飲料	358	418	391	507		4625
26 　糖果	107	28	39	142		848
27 ⊟群立	974	840	755	714		9867
28 　茶飲料	66	84	73	86		837
29 　糕點餅乾	15	54	30	22		282
30 　堅果						31
31 　蜜餞	70	74	78			597
32 　麵包	58	81	67	58		949
33 　肉乾				20		72
34 　乳品飲料	84	56	56	151		966
35 　速食麵	230	218	176	185		2138
36 　碳酸飲料	381	188	249			3314
37 　糖果	70	85	26			681
38 ⊟(空白)					4667	4667
39 　201201合計					4667	4667
40 總計	4328	3302	4028	3953	4667	49457

（圖中標註：不該出現的訊息）

▲ 圖 12 資料表中不能有合計儲存格 -02

結果詳見檔案「CH2-02 資料表中不能有合計儲存格 -01」之「樞紐分析表」工作表。

取得這類資料表時，必須先刪除合計儲存格的資料列，可以透過篩選的方式刪除。步驟如下。

❶ 打開檔案「CH2-02 資料表中不能有合計儲存格 -01」之「資料表」工作表。

❷ 右鍵點擊 J1 儲存格「商品名稱」，選擇「篩選→以選取儲存格的值篩選」。

	G	H	I	J	K	L	M	N	O
1	商品群編號	商品群名稱	商品編號	商品名稱	銷售數量	銷售金額	年	月	年月
783	301	方便食品	301-01	速食			2012	12	201212
784	301	方便食品	301-02	麵包			2012	12	201212
785	301	方便食品	301-03	糕點餅			2012	12	201212
786	303	零食	303-02	蜜餞			2012	12	201212
787	303	零食	303-01	糖果			2012	12	201212
788	302	飲料	302-01	碳酸飲			2012	12	201212
789	302	飲料	302-02	茶飲料			2012	12	201212
790	302	飲料	302-03	乳品飲			2012	12	201212
791	301	方便食品	301-01	速食			2012	12	201212
792	301	方便食品	301-02	麵包			2012	12	201212
793	301	方便食品	301-03	糕點餅			2012	12	201212
794	303	零食	303-04	肉乾			2012	12	201212
795	302	飲料	302-01	碳酸飲			2012	12	201212
796	302	飲料	302-02	茶飲			2012	12	201212
797	302	飲料	302-03	乳品飲			2012	12	201212
798	301	方便食品	301-01	速食			2012	12	201212
799	301	方便食品	301-02	麵包			2012	12	201212
800	302	飲料	302-01	碳酸飲			2012	12	201212
801	302	飲料	302-02	茶飲料		33	1,624	2012	12	201212

（右鍵選單：剪下(T)、複製(C)、貼上選項、選擇性貼上(S)、插入(I)、刪除(D)、清除內容(N)、篩選(E)→、排序(O)→、插入註解(M)、儲存格格式(F)、從下拉式清單挑選(K)、顯示注音標示欄位(S)、定義名稱(A)、超連結(I)；篩選子選單：依所選儲存格篩選、重新套用、以選取儲存格的值篩選(V)、以選取儲存格的色彩篩選(C)、以選取儲存格的字型色彩篩選(F)、以選取儲存格的圖示篩選(I)）

▲ 圖 13 資料表中不能有合計儲存格 -03

❸ 按下 J1 儲存格「商品名稱」右側的下拉選單鍵，並在「文字篩選」中選擇「201201 合計」。

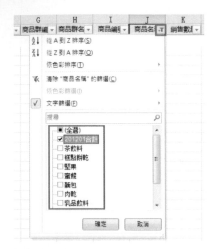

▲圖 14 資料表中不能有合計儲存格 -04

❹ 點擊「確定」。報表僅顯示「201101 合計」這一列。

	G	H	I	J	K	L	M	N
1	商品群編	商品群名	商品編	商品名稱	銷售數量	銷售金	年	月
61				201201合計	4,667	269,416		
806								

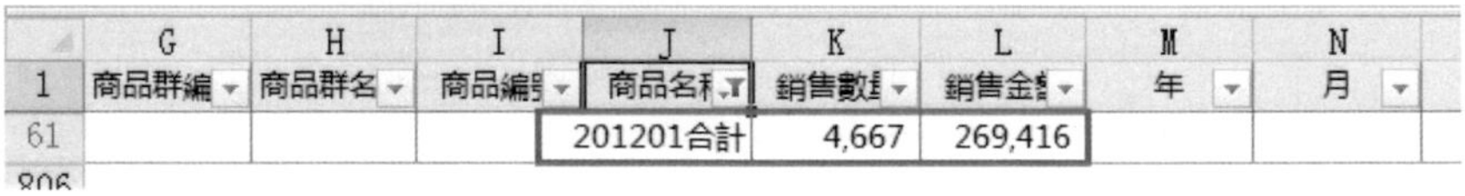

▲圖 15 資料表中不能有合計儲存格 -05

❺ 右鍵點擊「201101 合計」這一列，選擇「刪除列」。

▲圖 16 資料表中不能有合計儲存格 -06

❻ 點擊 J1 儲存格「商品名稱」右側的按鍵,選擇「全選」。

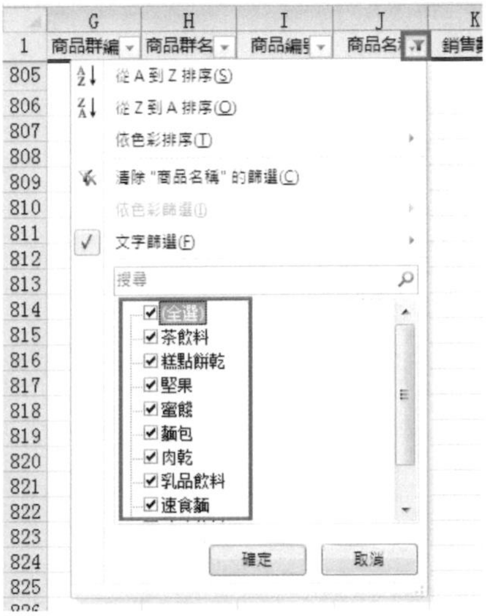

▲ 圖 17 資料表中不能有合計儲存格 -07

❼ 點擊「確定」。資料重新全部顯示出來。

	A	B	C	D	E	F	G	H	I
1	超市編!	超市名!	店面編!	店面名!	現場編	生產現	商品群編!	商品群名!	商品編!
2	101	事中	101-01	敦南店	203	現場三	302	飲料	302-01
3	101	事中	101-01	敦南店	205	現場五	303	零食	303-01
4	101	事中	101-02	南東店	203	現場三	302	飲料	302-01
5	101	事中	101-02	南東店	204	現場四	302	飲料	302-02
6	101	事中	101-02	南東店	204	現場四	302	飲料	302-03
7	101	事中	101-02	南東店	201	現場一	301	方便食品	301-01
8	101	事中	101-02	南東店	202	現場二	301	方便食品	301-02
9	101	事中	101-02	南東店	202	現場二	301	方便食品	301-02
10	101	事中	101-03	信義店	203	現場三	302	飲料	302-01
11	101	事中	101-03	信義店	204	現場四	302	飲料	302-02
12	101	事中	101-03	信義店	204	現場四	302	飲料	302-03
13	101	事中	101-03	信義店	201	現場一	301	方便食品	301-01
14	101	事中	101-03	信義店	202	現場二	301	方便食品	301-02
15	101	事中	101-03	信義店	202	現場二	301	方便食品	301-03
16	101	事中	101-04	南港店	203	現場三	302	飲料	302-01
17	101	事中	101-04	南港店	204	現場四	302	飲料	302-02
18	101	事中	101-04	南港店	204	現場四	302	飲料	302-03
19	101	事中	101-04	南港店	201	現場一	301	方便食品	301-01

▲ 圖 18 資料表中不能有合計儲存格 -08

❽ 點擊工作列「資料」，並點擊「篩選」。

▲ 圖 19 資料表中不能有合計儲存格 -09

❾「篩選」功能取消了，資料表可以直接為統計所用了。

	A	B	C	D	E	F	G	H	I
1	超市編號	超市名稱	店面編號	店面名稱	現場編號	生產現場	商品群編號	商品群名稱	商品編號
2				敦南店	203	現場三	302	飲料	302-01
3	101	車中	101-01	敦南店	205	現場五	303	零食	303-01
4	101	車中	101-02	南東店	203	現場三	302	飲料	302-01
5	101	車中	101-02	南東店	204	現場四	302	飲料	302-02
6	101	車中	101-02	南東店	204	現場四	302	飲料	302-03
7	101	車中	101-02	南東店	201	現場一	301	方便食品	301-01
8	101	車中	101-02	南東店	202	現場二	301	方便食品	301-02
9	101	車中	101-02	南東店	202	現場二	301	方便食品	301-02
10	101	車中	101-03	信義店	203	現場三	302	飲料	302-01
11	101	車中	101-03	信義店	204	現場四	302	飲料	302-02
12	101	車中	101-03	信義店	204	現場四	302	飲料	302-03
13	101	車中	101-03	信義店	201	現場一	301	方便食品	301-01
14	101	車中	101-03	信義店	202	現場二	301	方便食品	301-02
15	101	車中	101-03	信義店	202	現場二	301	方便食品	301-03
16	101	車中	101-04	南港店	203	現場三	302	飲料	302-01

（儲存格 A2 區域標註「「篩選」功能取消了」）

▲ 圖 20 資料表中不能有合計儲存格 -10

 結果詳見檔案「CH2-02 資料表中不能有合計儲存格 -02」之「變更後的資料表」工作表。

此刪除方法，在刪除檔案中多列內容時，準確而迅速。

2.6 資料表應是一維資料清單

建立樞紐分析表的資料應該是資料清單，如果拿到的資料不是資料清單而是二維資料表，我們該怎麼辦呢？

例如檔案「CH2-03 二維資料表的處理 -01」中，「資料表」工作表包括一部分 2012 年 1 月各店面的銷售資料，以資料清單形式呈現。「新增資料」工作表是另一部分 2012 年 1 月各店面的銷售數，且以二維報表形式呈現，如「圖 21 資料表應是一維資料清單」所示。

	A	B	C	D	E	F	G	H
1					201201新增銷售金額			
2		速食麵	麵包	糕點餅乾	膨酥飲料	茶飲料	乳品飲料	糖果
3	敦南店							5
4	南東店	15,690	4,067	5,680				
5	信義店	2,814	3,918	1,690				
6	南港店	3,865	1,567				838	
7	烏來店		15,270	15,258				
8	站前店				5,903	1,290		
9	西門店	4,280	6,836	2,399		950	1,223	
10	內湖店	3,010	6,836				3,724	
11	淡水店	7,872	6,753					
12	北投店		2,521					
13	蘆山店					26	50	

▲ 圖 21 資料表應是一維資料清單

為了將「新增資料」工作表中的資料增加到樞紐分析表中，必須先將「新增資料」工作表中的二維報表轉換成一維的資料清單形式。

當二維資料表中的資料繁多時，剪貼每筆資料既佔用時間也容易出錯，因此下面將介紹如何利用函數建立標準程式，自動將二維資料表整理成一維資料清單。

建立樞紐分析表需要的欄位包括「超市編號」、「超市名稱」、「店面編號」、「店面名稱」、「現場編號」、「生產現場」、「商品群編號」、「商品群名稱」、「商品編號」、「商品名稱」、「銷售數量」、「銷售金額」、「年」、「月」。將二維報表轉換為一維資料清單，即要對二維資料表中的資料進行切割和整理，分別找到上述各欄位對應的訊息。

目標 **將二維資料表整理成資料清單**

STEP 01 在工作表中建立新的列標題。

❶ 打開檔案「CH2-03 二維資料表的處理 -01」之「新增資料」工作表。

❷ 在 A15~N15 儲存格中依次鍵入「超市編號」、「超市名稱」、「店面編號」、「店面名稱」、「現場編號」、「生產現場」、「商品群編號」、「商品群名稱」、「商品編號」、「商品名稱」、「銷售數量」、「銷售金額」、「年」、「月」，為整理成一維資料清單作準備。

	A	B	C	D	E	F	G
1					201201新增銷售金額		
2		速食麵	麵包	糕點餅乾	碳酸飲料	茶飲料	乳品飲料
3	敦南店						
4	南東店	15,690	4,067	5,680			
5	信義店	2,814	3,918	1,690			
6	南港店	3,865	1,567				838
7	烏來店		15,270	15,258			
8	站前店				5,903	1,290	
9	西門店	4,280	6,836	2,399		950	1,223
10	內湖店	3,010	6,836				3,724
11	淡水店	7,872	6,753				
12	北投店		2,521				
13	圓山店				新增欄標題	26	50
14							
15	超市編號	超市名稱	店面編號	店面名稱	現場編號	生產現場	商品群編號

▲ 圖 22 將二維資料表整理成資料清單 -01

STEP 02 建立店面訊息。

❶ 在 D16 儲存格中鍵入「=」，並點擊 A3 儲存格，按下「Enter」按鍵。

❷ 按住 D16 儲存格右下角的黑色小方塊，並下拉至 D26 儲存格。

D16		fx	=A3			
	A	B	C	D	E	F
1					201201新增銷售金額	
2		速食麵	麵包	糕點餅乾	碳酸飲料	茶飲料	乳品
3	敦南店					
4	南東店	15,690	4,067	5,680		
5	信義店	2,814	3,918	1,690		
6	南港店	3,865	1,567			
7	烏來店		15,270	15,258		
8	站前店				5,903	1,290
9	西門店	4,280	6,836	2,399		950
10	內湖店	3,010	6,836			
11	淡水店	7,872	6,753			
12	北投店		2,521			
13	圓山店				26	5
14						
15	超市編號	超市名稱	店面編號	店面名稱	現場編號	生產現場	商品
16				敦南店		
17						

▲ 圖 23 將二維資料表整理成資料清單 -02

❸ D16 儲存格的公式複製到 D17~D26 儲存格中。

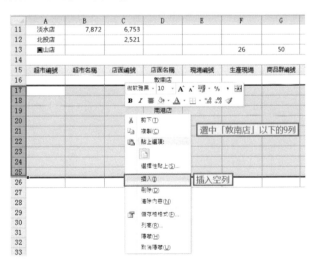

▲ 圖 24 將二維資料表整理成資料清單 -03

STEP 03 建立「敦南店」的「商品名稱」訊息。

❶ 選中 D16 儲存格「敦南店」以下的 9 列，即第 17 列 ~25 列。

❸ 右鍵點擊滑鼠，選擇「插入」。

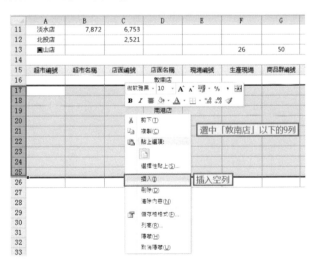

▲ 圖 25 將二維資料表整理成資料清單 -04

❸「敦南店」和「南東店」之間插入 9 列空列。

由於每個店面可能涉及 10 項商品，因此給各店面預留 10 列，每列對應一個商品。如「圖 26 將二維資料表整理成資料清單 -05」所示，加上「敦南店」所在列，共預留 10 列填寫「敦南店」的商品訊息。

▲ 圖 26 將二維資料表整理成資料清單 -05

❹ 複製 B2 ~K2 儲存格訊息。

▲ 圖 27 將二維資料表整理成資料清單 -06

❺ 右鍵點擊 J16 儲存格，選擇「貼上選項→轉置」。

▲ 圖 28 將二維資料表整理成資料清單 -07

❻ 商品名稱由橫向排列變成了直向排列，並顯示於 J16~J25 儲存格中。

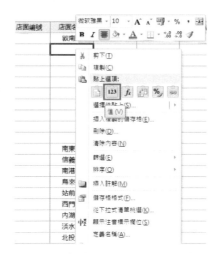

▲ 圖 29 將二維資料表整理成資料清單 -08

❼ 複製 D16 儲存格「敦南店」。

❽ 選中「敦南店」之下的 9 個儲存格。

❾ 右鍵點擊滑鼠，選擇「貼上選項→僅貼上數值」。

▲ 圖 30 將二維資料表整理成資料清單 -09

⑩ D16 儲存格「敦南店」複製到之下的 9 個儲存格中。

超市名稱	店面編號	店面名稱	現場編號	生產
		敦南店		
		敦南店		
		敦南店		
		敦南店		
		敦南店		
		敦南店		
		敦南店		
		敦南店		
		敦南店		
		敦南店		
		南東店		

▲ 圖 31 將二維資料表整理成資料清單 -10

STEP 04 建立「敦南店」的「銷售金額」訊息。

❶ 複製 B3 ~K3 儲存格的「銷售金額」訊息。

	A	B	C	D	E	F	G	H
1				201201新增銷售金額				
2		速食麵	麵包	糕點餅乾	碳酸飲料	茶飲料	乳品飲料	糖果
3	敦南店							5,
4	南東店	15,690	4,067	5,680				
5	信義店	2,814	3,918	1,690				
6	南港店	3,865		1,567			838	
7	烏來店		15,270	15,258				

▲ 圖 32 將二維資料表整理成資料清單 -11

❷ 右鍵點擊 L16 儲存格，選擇「貼上選項→轉置」。

▲ 圖 33 將二維資料表整理成資料清單 -12

❸「敦南店」新增的各商品銷售金額顯示在報表中了。

商品名稱	銷售數量	銷售金額	年
速食麵			
麵包			
糕點餅乾			
碳酸飲料			
茶飲料			
乳品飲料			
糖果		5,573	
蜜餞			
堅果			
肉干			

▲圖 34 將二維資料表整理成資料清單 -13

STEP 05 建立「年」、「月」的資料。

❶ 在 M16 儲存格中鍵入「=LEFT(」。注意，括號要用半角符號。

	E	F	G	H	I	J	K	L	M	N
1	201201新增銷售金額									
2	碳酸飲料	茶飲料	乳品飲料	糖果	蜜餞	堅果	肉干			
3				5,573						
4										
5										
6			838							
7										
8	5,903	1,290			1,320					
9		950	1,223							
10			3,724							
11										
12										
13		26	50							
14										
15	現場編號	生產現場	商品群編號	商品群名稱	商品編號	商品名稱	銷售數量	銷售金額	年	月
16						速食麵			=LEFT(	
17						麵包			LEFT(text, [num_char	
18						糕點餅乾				
19						碳酸飲料				
20						茶飲料				
21						乳品飲料				
22						糖果		5,573		
23						蜜餞				

▲圖 35 將二維資料表整理成資料清單 -14

❷ 點擊 A1 儲存格，表示截取 A1 儲存格左起的部分字元。

▲ 圖 36 將二維資料表整理成資料清單 -15

❸ 鍵入「,」。注意，逗號要用半角符號。

❹ 鍵入「4」，表示選取 A1 儲存格資料的前 4 位。

❺ 鍵入「)」。注意，括號要用半角符號。

▲ 圖 37 將二維資料表整理成資料清單 -16

❻ 按下「Enter」按鍵。則 M16 儲存格顯示「2012」。

▲ 圖 38 將二維資料表整理成資料清單 -17

❼ 選中 M16 儲存格,並在公式欄中選中「A1」。

❽ 按下「F4」按鍵。則公式中「A1」改寫為「$A$1」,「$」是絕對選擇符號。 這樣設定之後,便於複製公式時固定選取 A1 儲存格的資料為計算對象。

▲ 圖 39 將二維資料表整理成資料清單 -18

❾ 按下「Enter」按鍵。

❿ 將 M16 儲存格的公式複製到 M17~M25 儲存格中。

⑪ 點擊其中任意儲存格，例如 M21，可以看到公式中同樣截取了 A1 儲存格的訊息。

▲ 圖 40 將二維資料表整理成資料清單 -19

⑫ 在 N16 儲存格中鍵入「= MID（$A$1,5,2）」，表示從 A1 儲存格中第 5 位字元開始截取，共截取兩位，即「01」。

⑬ 將 N16 儲存格的公式複製到 N17~N25 儲存格中。

▲ 圖 41 將二維資料表整理成資料清單 -20

STEP 06 建立其他儲存格的訊息。

❶ 對於其他儲存格的訊息，需分別建立「店面名稱」與「店面編號」、「超市編號」、「超市名稱」的對應關係，「商品名稱」與「商品編號」、「現場名稱」與「現場編號」的對應關係，以及「商品名稱」與「商品編號」、「商品群編號」、「商品群名稱」、「現場名稱」的對應關係，再透過 VLOOKUP 函數自動建立連結，實現方式將在下一節中介紹。

❷ 結果如「圖 42 將二維資料表整理成資料清單 -21」所示。

	超市編號	超市名稱	店面編號	店面名稱	現場編號	生產現場	商品群編號	商品群名稱	商品編號	商品名稱	銷售數量	銷售金額	年	月
16				敦南店						糖果		5,573	2012	01
17				南東店						速食麵		15,690	2012	01
18				南東店						麵包		4,067	2012	01
19				南東店						糕點餅乾		5,680	2012	01
20				信義店						速食麵		2,814	2012	01
21				信義店						麵包		3,918	2012	01
22				信義店						糕點餅乾		1,690	2012	01
23				南港店						乳品飲料		838	2012	01
24				南港店						速食麵		3,865	2012	01
25				南港店						麵包		1,567	2012	01
26				烏來店						麵包		15,270	2012	01
27				烏來店						糕點餅乾		15,258	2012	01
28				站前店						碳酸飲料		5,903	2012	01
29				站前店						茶飲料		1,290	2012	01
30				站前店						蜜餞		1,320	2012	01
31				西門店						茶飲料		950	2012	01
32				西門店						乳品飲料		1,223	2012	01
33				西門店						速食麵		4,280	2012	01
34				西門店						麵包		6,836	2012	01
35				西門店						糕點餅乾		2,399	2012	01
36				內湖店						乳品飲料		3,724	2012	01
37				內湖店						速食麵		3,010	2012	01
38				內湖店						麵包		6,836	2012	01
39				淡水店						速食麵		7,872	2012	01
40				淡水店						麵包		6,753	2012	01
41				北投店						麵包		2,521	2012	01

▲ 圖 42 將二維資料表整理成資料清單 -21

結果詳見檔案「CH2-03 二維資料表的處理 -02」之「新增資料」工作表。

STEP 07 將「敦南店」的新增訊息和已有訊息合併，作為樞紐分析表的資料表。

❶ 刪除第 16 列 ~ 第 21 列，以及第 23 列 ~ 第 25 列。

在「圖 43 將二維資料表整理成資料清單 -20」中，第 22 列顯示有「敦南店」中「糖果」的銷售金額資料，而位於其他列的商品，其銷售金額均為「0」，因此刪除所有銷售金額為「0」的商品資料。

❷ 複製「新增資料表」工作表中第 16 列資料。

❸ 貼到「資料表」工作表的第 36 列。

STEP 08 對於其他店面的新增資料，也做同樣的操作。

	A	B	C	D	E	F	G	H	I	J	K	L	M	N	O
1	超市編號	超市名稱	店面編號	店面名稱	現場編號	生產現場	商品群編號	商品群名稱	商品編號	商品名稱	銷售數量	銷售金額	年	月	年月
17	102	民達	102-10	站前店	203	現場三	302	飲料	302-01	碳酸飲料	109	5,903	2012	01	201201
18	102	民達	102-10	站前店	204	現場四	302	飲料	302-02	茶飲料	31	1,290	2012	01	201201
19	102	民達	102-10	站前店	206	現場六	303	零食	303-02	蜜餞	21	1,320	2012	01	201201
20	102	民達	102-07	西門店	205	現場五	303	零食	303-01	糖果	57	5,890	2012	01	201201
21	102	民達	102-07	西門店	206	現場六	303	零食	303-03	堅果	32	3,067	2012	01	201201
22	102	民達	102-07	西門店	206	現場六	303	零食	303-04	肉乾	24	2,098	2012	01	201201
23	102	民達	102-07	西門店	203	現場三	302	飲料	302-01	碳酸飲料	46	2,042	2012	01	201201
24	102	民達	102-08	松山店	204	現場四	302	飲料	302-03	乳品飲料	89	3,320	2012	01	201201
25	102	民達	102-08	松山店	201	現場一	301	方便食品	301-01	速食麵	22	1,075	2012	01	201201
26	102	民達	102-09	內湖店	203	現場三	302	飲料	302-01	碳酸飲料	230	12,420	2012	01	201201
27	102	民達	102-09	內湖店	204	現場四	302	飲料	302-02	茶飲料	25	1,087	2012	01	201201
28	103	群立	103-14	淡水店	206	現場六	303		303-02	蜜餞	48	3,856	2012	01	201201
29	103	群立	103-14	淡水店	206	現場六	303	零食	303-03	堅果	9	1,034	2012	01	201201
30	103	群立	103-14	淡水店	206	現場六	303	零食	303-04	肉乾	21	2,580	2012	01	201201
31	103	群立	103-14	淡水店	204	現場四	302	飲料	302-02	茶飲料	56	2,261	2012	01	201201
32	103	群立	103-14	淡水店	204	現場四	302	飲料	302-03	乳品飲料	90	4,372	2012	01	201201
33	103	群立	103-11	北投店	201	現場一	301	方便食品	301-01	速食麵	30	1,990	2012	01	201201
34	103	群立	103-12	圓山店	205	現場五	303	零食	303-01	糖果	64	6,975	2012	01	201201
35	103	群立	103-12	圓山店	203	現場三	302	飲料	302-01	碳酸飲料	92	5,047	2012	01	201201
36				敦南店						糖果		5,573	2012	01	
37				南東店						速食麵		15,690	2012	01	
38				南東店						麵包		4,067	2012	01	
39				南東店						糕點餅乾		5,680	2012	01	
40				信義店						速食麵		2,814	2012	01	
41				信義店						麵包		3,918	2012	01	

▲ 圖 43 將二維資料表整理成資料清單 -22

 結果詳見檔案「CH2-03 二維資料表的處理 -02」之「資料表」工作表。

2.7 自動填入關聯欄的資料

上一節的例子中，要建立「店面名稱」與「店面編號」、「超市編號」、「超市名稱」的對應關係，「現場名稱」與「現場編號」的對應關係，以及「商品名稱」與「商品編號」、「商品群編號」、「商品群名稱」、「現場名稱」的對應關係。這一節將運用 EXCEL 的工具實現上述關聯。這種方法可以快速建立和整理資料，在有新資料時，只需把新資料複製到指定的儲存格，便可取得符合樞紐分析表建立要求的新資料，大大提高工作效率。

填入關聯欄的資料，要觀察兩個資料表之間是否有關聯欄，若有關聯欄則可運用 VLOOKUP 函數迅速抓取所要的資料。VLOOKUP 函數是一個「按列尋找」函數，最終返回該列所需查詢項目的對應值。

< NOTE >

VLOOKUP 函數的語法規則是：VLOOKUP（lookup_value,table_array,col_index_num,range_lookup），其 4 個參數的意義如下。

❖ **lookup_value**：是要在目標區域中尋找的值，這個值可以是數值、引用或文件字串，要尋找的值必須在目標區域的首列。

❖ **table_array**：是要尋找的目標區域，選中即可。

❖ **col_index_num**：是尋找後要引用的欄數，比如第三欄，輸入 3 即可。

❖ **range_lookup**：是個邏輯值。若輸入 0 或者 False，表示精確尋找，找不到就傳回錯誤值 #N/A。也可以輸入 1 或者 True，表示先精確尋找，如果找不到再模糊尋找，仍舊找不到則傳回錯誤值 #N/A。

 將新增的 2012 年 1 月銷售金額整理成資料清單

STEP 01 建立對照表。

❶ 打開檔案「CH2-04 關聯欄資料填充 -01」。

❷「新增資料清單整理 - 原始」工作表是上一節中尚未填寫完成的報表。

	A 超市編號	B 超市名稱	C 店面編號	D 店面名稱	E 現場編號	F 生產現場	G 商品群編號	H 商品群名稱	I 商品編號	J 商品名稱	K 銷售數量	L 銷售金額	M 年	N 月
2				致南店						糖果		5,573	2012	01
3				南東店						速食麵		15,690	2012	01
4				南東店						麵包		4,067	2012	01
5				南東店						糕點餅乾		5,680	2012	01
6				信義店						速食麵		2,814	2012	01
7				信義店						麵包		3,918	2012	01
8				信義店						糕點餅乾		1,690	2012	01
9				南港店						乳品飲料		838	2012	01
10				南港店						速食麵		3,865	2012	01
11				南港店						麵包		1,567	2012	01
12				烏末店						麵包		15,270	2012	01
13				烏末店						糕點餅乾		15,258	2012	01

▲ 圖 44 將新增的 2012 年 1 月銷售金額整理成資料清單 -01

❸「超市店面對照表」工作表顯示「超市」訊息和「店面」訊息的對照關係。

	A	B	C	D
1	店面名稱	店面編號	超市編號	超市名稱
2	敦南店	101-01	101	惠中
3	南東店	101-02	101	惠中
4	信義店	101-03	101	惠中
5	南港店	101-04	101	惠中
6	烏來店	101-05	101	惠中
7	万華店	101-06	101	惠中
8	西門店	102-07	102	民達
9	松山店	102-08	102	民達
10	內湖店	102-09	102	民達
11	站前店	102-10	102	民達
12	北投店	103-11	103	群立
13	圓山店	103-12	103	群立
14	士林店	103-13	101	惠中
15	淡水店	103-14	103	群立

新增資料清單整理-原始　超市店面對照表

▲圖 45 將新增的 2012 年 1 月銷售金額整理成資料清單 -02

❹「商品現場對照表」工作表顯示了「商品」訊息和「現場」訊息的對照關係。

	A	B	C	D
1	商品名稱	商品編號	現場編號	現場名稱
2	速食麵	301-01	201	現場一
3	麵包	301-02	202	現場二
4	糕點餅乾	301-03	202	現場二
5	碳酸飲料	302-01	203	現場三
6	茶飲料	302-02	204	現場四
7	乳品飲料	302-03	204	現場四
8	糖果	303-01	205	現場五
9	蜜餞	303-02	206	現場六
10	堅果	303-03	206	現場六
11	肉干	303-04	206	現場六
12				
13				
14				
15				
16				

超市店面對照表　商品現場對照表　商

▲圖 46 將新增的 2012 年 1 月銷售金額整理成資料清單 -03

❺「商品群商品對照表」工作表顯示了「商品群」訊息和「商品」訊息的對照關係。

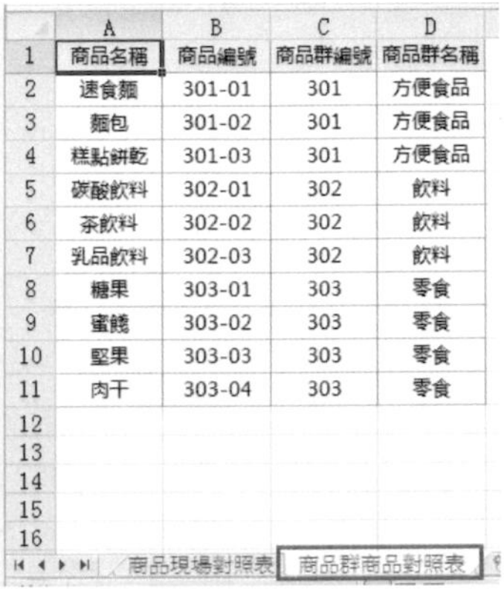

	A	B	C	D
1	商品名稱	商品編號	商品群編號	商品群名稱
2	速食麵	301-01	301	方便食品
3	麵包	301-02	301	方便食品
4	糕點餅乾	301-03	301	方便食品
5	碳酸飲料	302-01	302	飲料
6	茶飲料	302-02	302	飲料
7	乳品飲料	302-03	302	飲料
8	糖果	303-01	303	零食
9	蜜餞	303-02	303	零食
10	堅果	303-03	303	零食
11	肉干	303-04	303	零食

▲ 圖 47 將新增的 2012 年 1 月銷售金額整理成資料清單 -04

STEP 02 建立「店面編號」訊息。

❶ 在「新增資料清單整理 - 原始」工作表的 C2 儲存格中鍵入「=VLOOKUP（」。

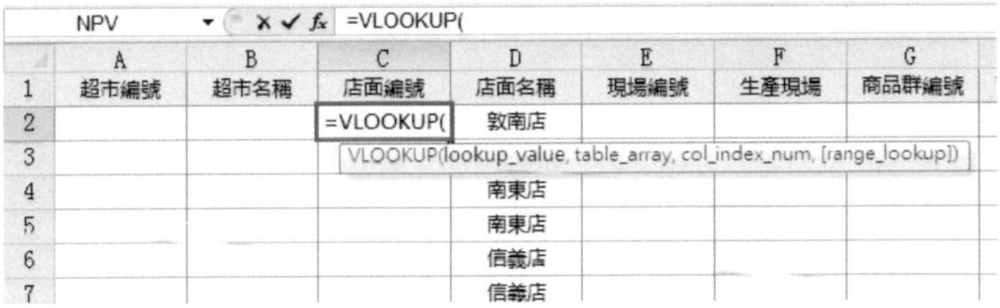

▲ 圖 48 將新增的 2012 年 1 月銷售金額整理成資料清單 -05

❷ 鍵入「D2」，表示「新增資料清單整理 - 原始」工作表的 D2 儲存格作為 VLOOKUP 函數的尋找依據。

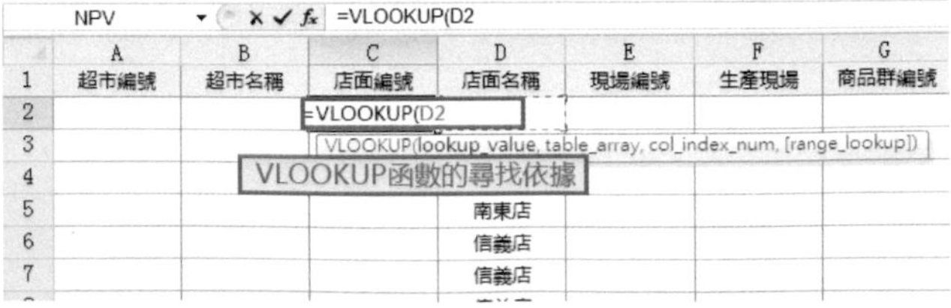

▲ 圖 49 將新增的 2012 年 1 月銷售金額整理成資料清單 -06

❸ 鍵入「,」。

❹ 選中「超市店面對照表」工作表的 A 欄至 D 欄，作為「新增資料清單整理 - 原始」所尋找的資料表。

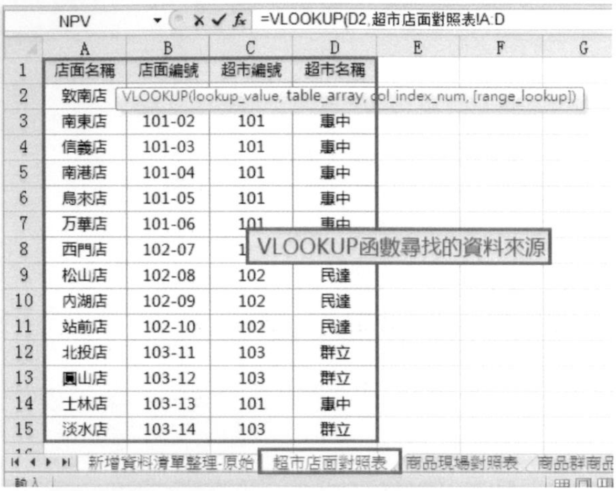

	A	B	C	D
1	店面名稱	店面編號	超市編號	超市名稱
2	敦南店			
3	南東店	101-02	101	惠中
4	信義店	101-03	101	惠中
5	南港店	101-04	101	惠中
6	烏來店	101-05	101	惠中
7	万華店	101-06	101	惠中
8	西門店	102-07	1	
9	松山店	102-08	102	民達
10	內湖店	102-09	102	民達
11	站前店	102-10	102	民達
12	北投店	103-11	103	群立
13	圓山店	103-12	103	群立
14	士林店	103-13	101	惠中
15	淡水店	103-14	103	群立

▲圖 50 將新增的 2012 年 1 月銷售金額整理成資料清單 -07

❺ 鍵入「,」。

❻ 鍵入「2」，表示 D2 儲存格若在「超市店面對照表」工作表中找到相同的內容，則取工作表「超市店面對照表」選中區域中的第二欄資料填入，即「店面編號」。

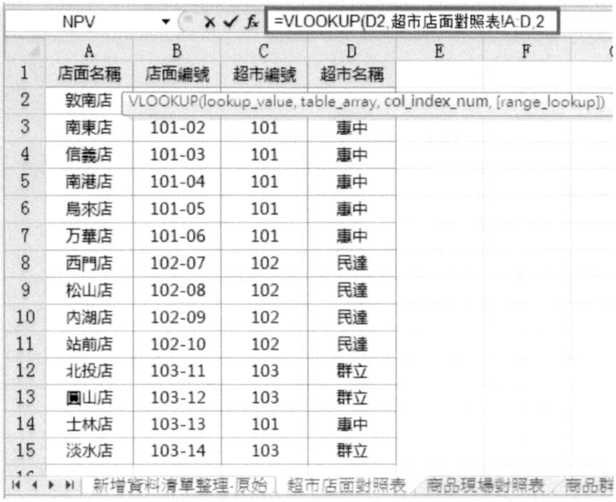

	A	B	C	D
1	店面名稱	店面編號	超市編號	超市名稱
2	敦南店			
3	南東店	101-02	101	惠中
4	信義店	101-03	101	惠中
5	南港店	101-04	101	惠中
6	烏來店	101-05	101	惠中
7	万華店	101-06	101	惠中
8	西門店	102-07	102	民達
9	松山店	102-08	102	民達
10	內湖店	102-09	102	民達
11	站前店	102-10	102	民達
12	北投店	103-11	103	群立
13	圓山店	103-12	103	群立
14	士林店	103-13	101	惠中
15	淡水店	103-14	103	群立

▲圖 51 將新增的 2012 年 1 月銷售金額整理成資料清單 -08

❼ 鍵入「,」。

❽ 鍵入「0」，表示若在「超市店面對照表」工作表中找不到相關訊息，則顯示「#N/A」，表示無法對比。

❾ 鍵入「)」。

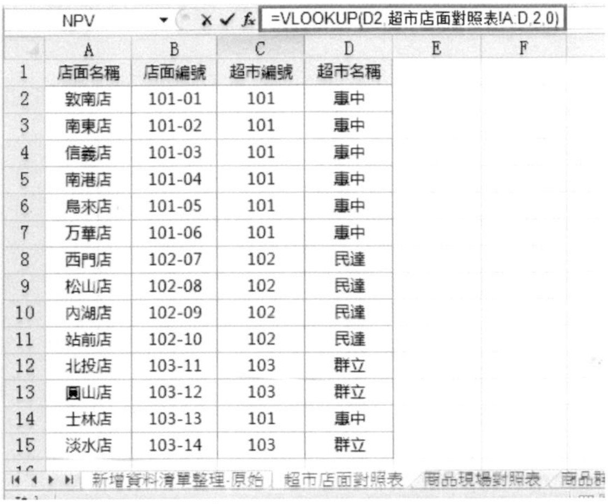

	A	B	C	D
1	店面名稱	店面編號	超市編號	超市名稱
2	敦南店	101-01	101	惠中
3	南東店	101-02	101	惠中
4	信義店	101-03	101	惠中
5	南港店	101-04	101	惠中
6	烏來店	101-05	101	惠中
7	万華店	101-06	101	惠中
8	西門店	102-07	102	民達
9	松山店	102-08	102	民達
10	內湖店	102-09	102	民達
11	站前店	102-10	102	民達
12	北投店	103-11	103	群立
13	圓山店	103-12	103	群立
14	士林店	103-13	101	惠中
15	淡水店	103-14	103	群立

▲ 圖 52 將新增的 2012 年 1 月銷售金額整理成資料清單 -09

❿ 按下「Enter」按鍵。「新增資料清單整理 - 原始」工作表的 C2 儲存格顯示「101-01」，即「敦南店」的店面編號為「101-01」。

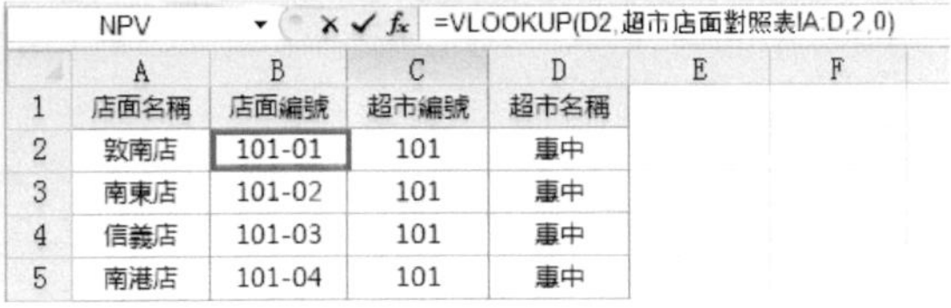

	A	B	C	D
1	店面名稱	店面編號	超市編號	超市名稱
2	敦南店	101-01	101	惠中
3	南東店	101-02	101	惠中
4	信義店	101-03	101	惠中
5	南港店	101-04	101	惠中

▲ 圖 53 將新增的 2012 年 1 月銷售金額整理成資料清單 -10

⑪ 將 C2 儲存格的公式複製到 C3~C29 儲存格中。

	A	B	C	D	E
			C2	▼	f_x =VLOOKUP(D2,超市店面對照表!A:D,2,0)
1	超市編號	超市名稱	店面編號	店面名稱	現場編號
2			101-01	敦南店	
3			101-02	南東店	
4			101-02	南東店	
5			101-02	南東店	
6			101-03	信義店	
7			101-03	信義店	
8			101-03	信義店	
9			101-04	南港店	
10			101-04	南港店	
11			101-04	南港店	
12			101-05	烏來店	
13			101-05	烏來店	
14			102-10	站前店	
15			102-10	站前店	
16			102-10	站前店	
17			102-07	西門店	
18			102-07	西門店	
19			102-07	西門店	
20			102-07	西門店	

▲ 圖 54 將新增的 2012 年 1 月銷售金額整理成資料清單 -11

STEP 03 建立「超市編號」訊息。

❶ 複製「新增資料清單整理 - 原始」工作表的 C2 儲存格公式「=VLOOKUP
（D2, 超市店面對照表 !A:D,2,0）」。

❷ 點擊兩下「新增資料清單整理 - 原始」工作表的 A2 儲存格。

❸ 將複製的公式貼到 A2 儲存格中。

❹ 將公式中「=VLOOKUP（D2, 超市店面對照表 !A:D,2,0）」中的「2」（代表
選擇第二欄資料填入）修改為「3」，代表選擇第三欄的資料填入。

❺ 按下「Enter」按鍵。

❻ 將 A2 儲存格的公式複製到 A3~A29 儲存格中。

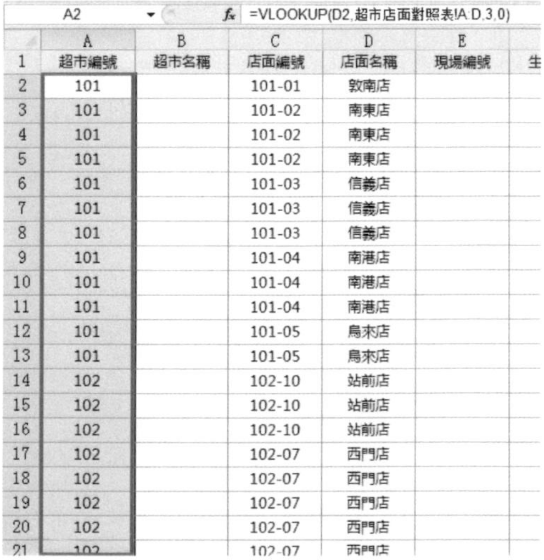

▲ 圖 55 將新增的 2012 年 1 月銷售金額整理成資料清單 -12

STEP 04 建立「超市名稱」訊息。

❶ 複製「新增資料清單整理 - 原始」工作表的 C2 儲存格公式「=VLOOKUP（D2, 超市店面對照表 !A:D,2,0）」。

❷ 點擊兩下「新增資料清單整理 - 原始」工作表的 B2 儲存格。

❸ 將複製的公式貼到 B2 儲存格中。

❹ 將公式中「=VLOOKUP（D2, 超市店面對照表 !A:D,2,0）」中的「2」（代表選擇第二欄資料填入）修改為「4」，代表選擇第四欄的資料填入。

❺ 按下「Enter」按鍵。

❻ 將 B2 儲存格的公式複製到 B3~B29 儲存格中。

	A	B	C	D	E	
B2			fx	=VLOOKUP(D2,超市店面對照表!A,D,4,0)		
1	超市編號	超市名稱	店面編號	店面名稱	現場編號	生
2	101	車中	101-01	敦南店		
3	101	車中	101-02	南東店		
4	101	車中	101-02	南東店		
5	101	車中	101-02	南東店		
6	101	車中	101-03	信義店		
7	101	車中	101-03	信義店		
8	101	車中	101-03	信義店		
9	101	車中	101-04	南港店		
10	101	車中	101-04	南港店		
11	101	車中	101-04	南港店		
12	101	車中	101-05	烏末店		
13	101	車中	101-05	烏末店		
14	102	民達	102-10	站前店		
15	102	民達	102-10	站前店		
16	102	民達	102-10	站前店		
17	102	民達	102-07	西門店		
18	102	民達	102-07	西門店		
19	102	民達	102-07	西門店		
20	102	民達	102-07	西門店		
21	102	民達	102-07	西門店		

▲ 圖 56 將新增的 2012 年 1 月銷售金額整理成資料清單 -13

STEP 05 利用工作表「商品現場對照表」導入「現場編號」、「生產現場」訊息。

STEP 06 利用工作表「商品群商品對照表」導入「商品編號」、「商品群編號」、「商品群名稱」訊息。

	A	B	C	D	E	F	G	H	I	J	K	L	M	N
1	超市編號	超市名稱	店面編號	店面名稱	現場編號	生產現場	商品群編號	商品群名稱	商品編號	商品名稱	銷售數量	銷售金額	年	月
2	101	車中	101-01	敦南店	205	現場五	303	零食	303-01	糖果		5,573	2012	01
3	101	車中	101-02	南東店	201	現場一	301	方便食品	301-01	速食麵		15,690	2012	01
4	101	車中	101-02	南東店	202	現場二	301	方便食品	301-02	麵包		4,067	2012	01
5	101	車中	101-02	南東店	202	現場二	301	方便食品	301-03	糕點餅乾		5,680	2012	01
6	101	車中	101-03	信義店	201	現場一	301	方便食品	301-01	速食麵		2,814	2012	01
7	101	車中	101-03	信義店	202	現場二	301	方便食品	301-02	麵包		3,918	2012	01
8	101	車中	101-03	信義店	202	現場二	301	方便食品	301-03	糕點餅乾		1,690	2012	01
9	101	車中	101-04	南港店	204	現場四	302	飲料	302-03	乳品飲料		838	2012	01
10	101	車中	101-04	南港店	201	現場一	301	方便食品	301-01	速食麵		3,865	2012	01
11	101	車中	101-04	南港店	202	現場二	301	方便食品	301-02	麵包		1,567	2012	01
12	101	車中	101-05	烏末店	202	現場二	301	方便食品	301-02	麵包		15,270	2012	01
13	101	車中	101-05	烏末店	202	現場二	301	方便食品	301-03	糕點餅乾		15,258	2012	01
14	102	民達	102-10	站前店	203	現場三	302	飲料	302-01	碳酸飲料		5,903	2012	01
15	102	民達	102-10	站前店	204	現場四	302	飲料	302-02	茶飲料		1,290	2012	01
16	102	民達	102-10	站前店	206	現場六	303	零食	303-02	蜜餞		1,320	2012	01
17	102	民達	102-07	西門店	204	現場四	302	飲料	302-02	茶飲料		950	2012	01
18	102	民達	102-07	西門店	204	現場四	302	飲料	302-03	乳品飲料		1,223	2012	01
19	102	民達	102-07	西門店	201	現場一	301	方便食品	301-01	速食麵		4,280	2012	01

▲ 圖 57 將新增的 2012 年 1 月銷售金額整理成資料清單 -14

 結果詳見檔案「CH2-04 關聯欄資料填充 -02」之「新增資料清單整理 - 結果」工作表。

2.8 實戰練習

1. 為了利用資料表製作樞紐分析表，若遇到以下情況該怎麼解決？

   （1）資料表的第一列即為數據資料；

   （2）資料表的標題名稱位於第一欄；

   （3）資料表的第一列是標題名稱，但其中的部分儲存格為空格；

   （4）資料表的部分列是對資料進行合計統計的資料；

   （5）資料表是二維的。

2. 檔案「CH2-05 將新增資料整理成資料清單」之「新增資料清單」工作表，
   記錄了 2012 年 3 月，各超市店面所銷售的各商品的銷售金額。請將新增
   的 2012 年 3 月銷售金額整理成資料清單。

Note

3

樞紐分析表的多樣呈現

樞紐分析表是一個萬花筒，其內部的資料雖然源於同一組資料表，但數據結構有著多樣的呈現方式。本章節將透過實例介紹樞紐分析表的數據呈現樣式，在原始數據固定的情況下，樞紐分析表可以「自導自演」，展現我們所需要的數據組合樣式。

3.1 儲存格的顯示方式

「CH3-01 設定儲存格顯示方式」之「樞紐分析表」工作表，其中的任意儲存格資料，如「圖1樞紐分析表的儲存格資料」所示，都可以調整其顯示方式，以便於讀者的閱讀。

	A	B	C	D	E	F	G	H	I	J	K	L	M	N
1	商品群名稱	(全部)												
2														
3	加總 - 銷售數量	欄標籤												
4	列標籤	201201	201202	201203	201204	201205	201206	201207	201208	201209	201210	201211	201212	總計
5	⊟惠中	2661	1810	1610	1164	2138	1482	1867	589	2221	1379	2049	1771	20741
6	茶飲料	295	387	350	270	338	176	377	38	387	145	392	334	3489
7	糕點餅乾	247	43	65	115		71	72	98	19	65	72	91	958
8	堅果		23		2	20			22	23		40	16	146
9	蜜餞		30		104	121	28	3	21	98	57	93	4	559
10	麵包	310	131	150	95	182	127	143	83	164	89	188	126	1788
11	肉乾		36	9	24	34		12	12	63		6	10	206
12	乳品飲料	140	145	100	儲存格資料		28	74	24	167	61	183	36	1262
13	速食麵	669	266	245	235	514	295	290	209	526	142	401	492	4284
14	碳酸飲料	957	718	622	202	610	639	776	64	728	739	563	593	7211
15	糖果	43	31	69	40	92	118	120	18	46	81	111	69	838
16	⊟民達	1291	1135	1217	1107	1299	1111	1131	983	1133	1083	1224	1468	14182
17	茶飲料	77	71	108	119	100	95	108	86	79	62	108	115	1128
18	糕點餅乾	25	39	35	50	58	11	42	25	51	19	40	63	458

▲ 圖 1 樞紐分析表的儲存格資料

調整數據的顯示方式，其方法與 EXCEL 普通報表的調整方式是類似的。

調整數值的顯示方式，小數點之後的位數設定為零且用千分位符號

❶ 打開檔案「CH3-01 設定儲存格顯示方式」之「樞紐分析表」工作表。

❷ 點擊「∑ 值」下「加總 - 銷售數量」右側的下拉選單鍵。

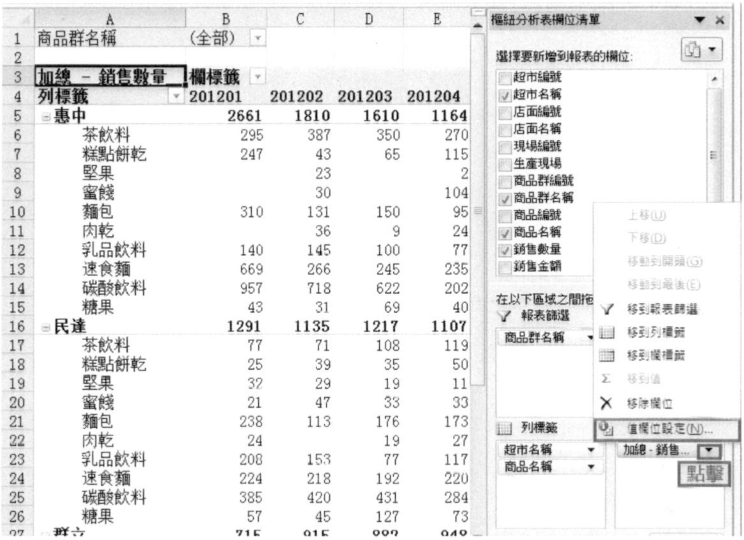

▲ 圖 2 調整數值的顯示方式 -01

❸ 選擇「值欄位設定」。

❹ 在彈出的「值欄位設定」對話方塊中，點擊「數值格式」。

▲ 圖 3 調整數值的顯示方式 -02

❺ 在彈出的「儲存格格式」對話方塊中,「類別」選擇「數值」,「小數位數」改寫為「0」,並勾選「使用千分位(,)符號」。

▲ 圖 4 調整數值的顯示方式 -03

❻ 依次在兩個對話方塊中點擊「確定」。則數據按照上述要求顯示。

	A	B	C	D	E	F	G
1	商品群名稱	(全部)					
2							
3	加總 - 銷售數量	欄標籤					
4	列標籤	201201	201202	201203	201204	201205	201206
5	惠中	2,661	1,810	1,610	1,164	2,138	1,482
6	茶飲料	295	387	350	270	338	176
7	糕點餅乾	247	43	65	115		71
8	堅果		23		2	20	
9	蜜餞		30		104	121	28
10	麵包	310	131	150	95	182	127
11	肉乾		36	9	24	34	
12	乳品飲料	140	145	100	77	227	28
13	速食麵	669	266	245	235	514	295
14	碳酸飲料	957	718	622	202	610	639
15	糖果	43	31	69	40	92	118
16	民達	1,291	1,135	1,217	1,107	1,299	1,111
17	茶飲料	77	71	108	119	100	95
18	糕點餅乾	25	39	35	50	58	11
19	堅果	32	29	19	11	24	
20	蜜餞	21	47	33	33	65	10
21	麵包	238	113	176	173	182	182
22	肉乾	24		19	27	24	
23	乳品飲料	208	153	77	117	164	103
24	速食麵	224	218	192	220	221	233
25	碳酸飲料	385	420	431	284	419	477

▲ 圖 5 調整數值的顯示方式 -04

結果詳見檔案「CH3-01 設定儲存格顯示方式 02」之「設定儲存格的顯示方式 1」工作表。

修改儲存格標題的顯示方式，把報表中「加總 - 銷售數量」改寫為「銷售數量」

❶ 打開檔案「CH3-01 設定儲存格顯示方式 02」之「設定儲存格的顯示方式 1」工作表。

❷ 點擊「∑ 值」下「加總 - 銷售數量」右側的下拉選單鍵。

❸ 選擇「值欄位設定」。

❹ 在彈出的「值欄位設定」對話方塊中，將「自訂名稱」中的「加總 - 銷售數量」改寫為「銷售數量」。

注意，由於「銷售數量」欄位在資料表中已存在，因此不得重複命名「銷售數量」欄目，故將「自訂名稱」改寫為「銷售數量」，即「銷售數量」之後加上一個空格，顯示時仍為「銷售數量」。

▲ 圖 6 修改儲存格標題的顯示方式 -01

❺ 點擊「確定」。A3 儲存格的標題名由「加總 - 銷售數量」改寫為「銷售數量」,「∑ 值」下的欄位名字同樣改寫為「銷售數量」。

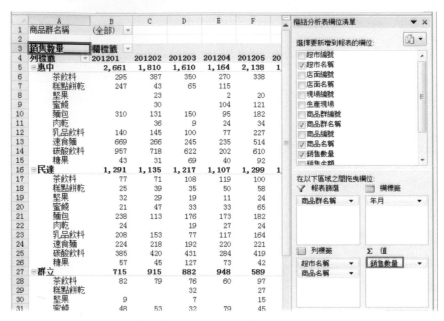

▲ 圖 7 修改儲存格標題的顯示方式 -02

 結果詳見檔案「CH3-01 設定儲存格顯示方式 03」之「設定儲存格的顯示方式 2」工作表。

3.2 調整歸類對象

「CH3-02 按商品名稱整理銷售數量」的「資料表」工作表中,資料按照「超市名稱」歸類,並計算各商品的銷售數量。如果要按照「商品名稱」歸類,計算各超市的銷售數量,如何實現呢?

目標 按「商品名稱」歸類，計算各超市的銷售數量

STEP 01 建立「樞紐分析表」。

❶ 打開檔案「CH3-02 按商品名稱整理銷售數量 01」之「資料表」工作表。

❷ 選中任意有資料的儲存格。

❸ 點擊工作列「插入」按鍵，並點擊「樞紐分析表→樞紐分析表」。

❹ 在彈出的「建立樞紐分析表」對話方塊中，確認「表格 / 範圍」為「資料表 !$A$1:$O$804」。

❺ 點擊「確定」。

❻ 在「工作表 1」中，按照「圖 8 按商品名稱歸類並計算銷售數量 -01」設定「設計區」。

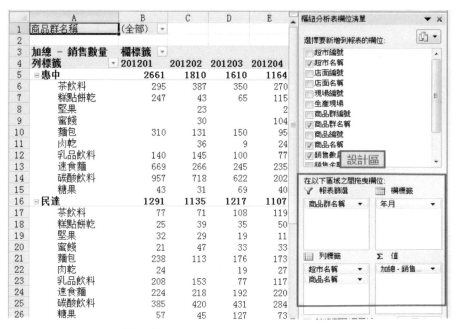

▲ 圖 8 按商品名稱歸類並計算銷售數量 -01

❼ 報表按照「超市名稱」歸類，計算各商品的銷售數量。即超市名稱顯示在第一級，商品名稱顯示在第二級。

	A	B	C	D	E	F	G
1	商品群名稱	(全部)					
2							
3	加總 – 銷售數量	欄標籤					
4	列標籤	201201	201202	201203	201204	201205	201206
5	惠中 按超市名稱歸類			1610	1164	2138	1482
6	茶飲料	295	381	350	270	338	176
7	糕點餅乾	247	43	65	115		71
8	堅果		23		2	20	
9	蜜餞		30		104	121	28
10	麵包	310	131	150	95	182	127
11	肉乾		36	9	24	34	
12	乳品飲料	140	145	100	77	227	28
13	速食麵	669	266	245	235	514	295
14	碳酸飲料	957	718	622	202	610	639
15	糖果	43	31	69	40	92	118
16	民達	1291	1135	1217	1107	1299	1111
17	茶飲料	77	71	108	119	100	95
18	糕點餅乾	25	39	35	50	58	11
19	堅果	32	29	19	11	24	
20	蜜餞	21	47	33	33	65	10
21	麵包	238	113	176	173	182	182
22	肉乾	24		19	27	24	
23	乳品飲料	208	153	77	117	164	103
24	速食麵	224	218	192	220	221	233
25	碳酸飲料	385	420	431	284	419	477

▲ 圖 9　按商品名稱歸類並計算銷售數量 -02

❽ 按住「設計區」中「列標籤」下的「商品名稱」，並拖移到「超市名稱」之上，則「超市名稱」與「商品名稱」的位置對換了。

❾ A 欄中「列標籤」呈現方式與「圖 9 按商品名稱歸類並計算銷售數量 -02」不同了，它將商品名稱顯示在了第一級，將超市名稱顯示在第二級。

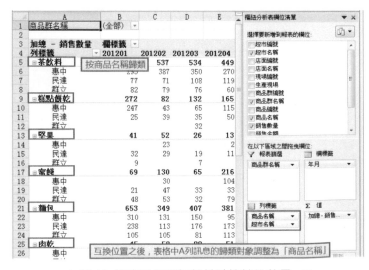

▲ 圖 10　按商品名稱歸類並計算銷售數量 -03

⓾ 點擊工作列「樞紐分析表工具→設計」按鍵，並點擊「報表版面配置→以
列表方式顯示」。

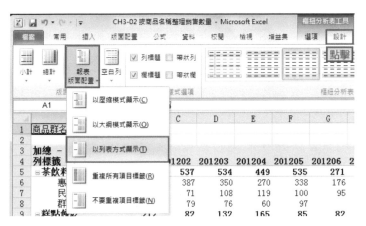

▲ 圖 11 按商品名稱歸類並計算銷售數量 -04

⓫「商品名稱」和「超市名稱」分別顯示在兩個獨立欄中。

	A	B	C	D	E	F	G
1	商品群名稱	(全部)					
2							
3	加總 – 銷售數量		年月				
4	商品名稱	超市名稱	201201	201202	201203	201204	201205
5	茶飲料	惠中	295	387	350	270	33
6		民達		108	119		10
7		群立	82	79	76	60	9
8	茶飲料 合計		454	537	534	449	53!
9	糕點餅乾	惠中	247	43	65	115	
10		民達	25	39	35	50	5
11		群立			32		
12	糕點餅乾 合計		272	82	132	165	8!
13	堅果	惠中		23		2	2
14		民達	32	29	19	11	2
15		群立	9		7		1
16	堅果 合計		41	52	26	13	5!
17	蜜餞	惠中		30		104	12
18		民達	21	47	33	33	6
19		群立	48	53	32	79	4
20	蜜餞 合計		69	130	65	216	23!
21	麵包	惠中	310	131	150	95	18
22		民達	238	113	176	173	18
23		群立	105	105	81	113	5
24	麵包 合計		653	349	407	381	42!
25	肉乾	惠中		36	9	24	3

（顯示於獨立的一欄）

▲ 圖 12 按商品名稱歸類並計算銷售數量 -05

⑫ 點擊工作列「樞紐分析表工具→設計」按鍵，並點擊「報表版面配置→重複所有項目標籤」。

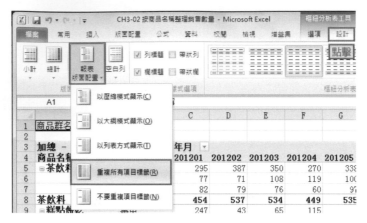

▲ 圖 13 按商品名稱歸類並計算銷售數量 -06

⑬ 第一欄各列均顯示「商品名稱」。

	A	B	C	D	E	F	G
1	商品群名稱	(全部)					
2							
3	加總 – 銷售數量		年月				
4	商品名稱	超市名稱	201201	201202	201203	201204	201205
5	茶飲料	惠中	295	387	350	270	338
6	茶飲料	民達	77	71	108	119	100
7	茶飲料	群立	82	79	76	60	9
8	茶飲料 合計		454	537	534	449	535
9	糕點餅乾	惠中	247	43	65	115	
10	糕點餅乾	民達	25	39	35	50	5
11	糕點餅乾	群立			32		2
12	糕點餅乾 合計		272	82	132	165	85
13	堅果	惠中		23		2	20
14	堅果	民達	32	29	19	11	24
15	堅果	群立	9		7		15
16	堅果 合計		41	52	26	13	59
17	蜜餞	惠中		30		104	12
18	蜜餞	民達	21	47	33	33	65
19	蜜餞	群立	48	53	32	79	49
20	蜜餞 合計		69	130	65	216	231
21	麵包	惠中	310	131	150	95	182
22	麵包	民達	238	113	176	173	182
23	麵包	群立	105	105	81	113	5
24	麵包 合計		653	349	407	381	421
25	肉乾	惠中		36	9	24	3
26	肉乾	民達	24		19	27	2

▲ 圖 14 按商品名稱歸類並計算銷售數量 -07

⓮ 點擊工作列「樞紐分析表工具→設計」，並點擊「小計→不要顯示小計」。

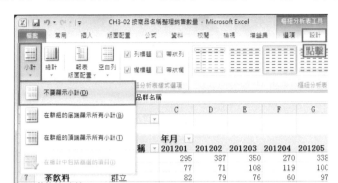

▲ 圖 15 按商品名稱歸類並計算銷售數量 -08

⓯ 合計列不再顯示。是按照商品名稱歸類的報表。

	A	B	C	D	E	F	G	H
1	商品群名稱	(全部)		按照商品名稱歸類的報表				
2								
3	加總 - 銷售數量		年月					
4	商品名稱	超市名稱	201201	201202	201203	201204	201205	201206
5	茶飲料	惠中	295	387	350	270	338	176
6	茶飲料	民達	77	71	108	119	100	95
7	茶飲料	群立	82	79	76	60	97	
8	糕點餅乾	惠中	247	43	65	115		71
9	糕點餅乾	民達	25	39	35	50	58	11
10	糕點餅乾	群立			32		27	
11	堅果	惠中		23		2	20	
12	堅果	民達	32	29	19	11	24	
13	堅果	群立	9		7		15	
14	蜜餞	惠中		30		104	121	28
15	蜜餞	民達	21	47	33	33	65	10
16	蜜餞	群立	48	53	32	79	45	66
17	麵包	惠中	310	131	150	95	182	127
18	麵包	民達	238	113	176	173	182	182
19	麵包	群立	105	105	81	113	57	51
20	肉乾	惠中		36	9	24	34	
21	肉乾	民達	24		19	27	24	
22	肉乾	群立	21	16			15	
23	乳品飲料	惠中	140	145	100	77	227	28
24	乳品飲料	民達	208	153	77	117	164	103
25	乳品飲料	群立	140		43	143	84	156
26	速食麵	惠中	669	266	245	235	514	295
27	速食麵	民達	284	318	242	229	221	233

▲ 圖 16 按商品名稱歸類並計算銷售數量 -09

 結果詳見檔案「CH3-02 按商品名稱整理銷售數量 02」之「樞紐分析表」工作表。

⓰ 將「工作表 1」重新命名為「樞紐分析表」。

⓱ 將「樞紐分析表」工作表拖移到「資料表」工作表之後。

STEP 02 建立「按商品名稱歸類」的報表。

❶ 打開檔案「CH3-02 按商品名稱整理銷售數量 02」之「樞紐分析表」工作表。

❷ 插入工作表，並命名為「按商品名稱整理銷售數量」。

❸ 複製「樞紐分析表」工作表的 A4~O35 儲存格。

	A	B	C	D	E	F	G	H
1	商品群名稱	(全部)						
2					選擇並複製資料			
3	加總 − 銷售數量		年月					
4	商品名稱	超市名稱	201201	201202	201203	201204	201205	201206
5	茶飲料	惠中	295	387	350	270	338	176
6	茶飲料	民達	77	71	108	119	100	95
7	茶飲料	群立	82	79	76	60	97	
8	糕點餅乾	惠中	247	43	65	115		71
9	糕點餅乾	民達	25	39	35	50	58	11
10	糕點餅乾	群立			32		27	
11	堅果	惠中		23		2	20	
12	堅果	民達	32	29	19	11	24	
13	堅果	群立	9		7		15	
14	蜜餞	惠中		30		104	121	28
15	蜜餞	民達	21	47	33	33	65	10
16	蜜餞	群立	48	53	32	79	45	66
17	麵包	惠中	310	131	150	95	182	127
18	麵包	民達	238	113	176	173	182	182
19	麵包	群立	105	105	81	113	57	51
20	肉乾	惠中		36	9	24	34	
21	肉乾	民達	24		19	27	24	
22	肉乾	群立	21	16			15	
23	乳品飲料	惠中	140	145	100	77	227	28
24	乳品飲料	民達	208	153	77	117	164	103
25	乳品飲料	群立	140		43	143	84	156
26	速食麵	惠中	669	266	245	235	514	295

▲ 圖 17 按商品名稱歸類並計算銷售數量 -10

❹ 將複製的資料貼到「按商品名稱整理銷售數量」工作表中。

❺ 點擊右下角「貼上指示」的下拉選單鍵，並選擇「僅貼上數值」。

	H	I	J	K	L	M	N	O	P	Q
10								31		
11	28	3	21	98	57	93	4	559		
12	10		32		45	27	47	360		
13	66	36	16	70	74	78		597		
14	127	143	83	164	89	188	126	1788		
15	182	158	199	193	228	192	182	2216		
16	51	109	64	58	81	67	58	949		
17		12	12	63		6	10	206		
18					19			113		
19							20	72		
20	28	74	24	167	61	183	36	1262		
21	103	185	132	151	72	176	161	1699		
22	156		53	84	56	56	151	966		
23	295	290	209	526	142	401	492	4284		
24	233	199	183	194	153	251	251	2539		
25	145	142	215	230	218	176	185	2138		
26	639	776	64	728	739	563	593	7211		
27	477	361	174	358	418	391	507	4625		
28	346	386	340	381	188	249	192	3314		
29	118	120	18	46	81	111				
30		78	110	107	28	39	142	848		
31	82		92	70	35	26		681		
32	3439	3788	2471	4328	3302	4028	3953	44790		
33										
34										

▲ 圖 18 按商品名稱歸類並計算銷售數量 -11

❻ 按照「資料表」工作表的「儲存格格式」設定「按商品名稱整理銷售數量」的儲存格格式。

❼ 按商品名稱歸類的報表建立完成了。

	A	B	C	D	E	F	G	H
1	商品名稱	超市名稱	201201	201202	201203	201204	201205	201206
2	茶飲料	惠中	295	387	350	270	338	176
3	茶飲料	民達	77	71	108	119	100	95
4	茶飲料	群立	82	79	76	60	97	
5	糕點餅乾	惠中	247	43	65	115		71
6	糕點餅乾	民達	25	39	35	50	58	11
7	糕點餅乾	群立			32		27	
8	堅果	惠中		23		2	20	
9	堅果	民達	32	29	19	11	24	
10	堅果	群立	9		7		15	
11	蜜餞	惠中		30		104	121	28
12	蜜餞	民達	21	47	33	33	65	10
13	蜜餞	群立	48	53	32	79	45	66
14	麵包	惠中	310	131	150	95	182	127
15	麵包	民達	238	113	176	173	182	182
16	麵包	群立	105	105	81	113	57	51
17	肉乾	惠中		36	9	24	34	
18	肉乾	民達	24		19	27	24	
19	肉乾	群立	21	16			15	
20	乳品飲料	惠中	140	145	100	77	227	28
21	乳品飲料	民達	208	153	77	117	164	103
22	乳品飲料	群立	140		43	143	84	156

▲ 圖 19 按商品名稱歸類並計算銷售數量 -12

結果詳見檔案「CH3-02 按商品名稱整理銷售數量 03」之「按商品名稱整理銷售數量」工作表。

3.3 多階層資料統計

本書提供的資料表資料,包括商品群、商品等訊息,如「圖 20 多階層資料統計」所示。我們可以透過樞紐分析表統計商品群訊息,也可以統計商品訊息。是否可以在一張樞紐分析表中同時統計商品群訊息和商品訊息呢?答案是肯定的。

	A	B	C	D	E	F	G	H	I	J	
1	超市編號	超市名稱	店面編號	店面名稱	現場編號	生產現場	商品群編號	商品群名稱	商品編號	商品名稱	銷
2	101	專中	101-01	敦南店	203	現場三	302	飲料	302-01	碳酸飲料	
3	101	專中	101-01	敦南店	205	現場五	303	零食	303-01	糖果	
4	101	專中	101-02	南東店	203	現場三	302	飲料	302-01	碳酸飲料	
5	101	專中	101-02	南東店	204	現場四	302	飲料	302-02	茶飲料	
6	101	專中	101-02	南東店	204	現場四	302	飲料	302-03	乳品飲料	
7	101	專中	101-02	南東店	201	現場一	301	方便食品	301-01	速食麵	
8	101	專中	101-02	南東店	202	現場二	301	方便食品	301-02	麵包	
9	101	專中	101-02	南東店	202	現場二	301	方便食品	301-03	糕點餅乾	
10	101	專中	101-03	信義店	203	現場三	302	飲料	3	酸飲料	
11	101	專中	101-03	信義店	204	現場四	302	飲料	302-03	乳品飲料	
12	101	專中	101-03	信義店	204	現場四	302	飲料	302-03	乳品飲料	
13	101	專中	101-03	信義店	201	現場一	301	方便食品	301-01	速食麵	
14	101	專中	101-03	信義店	202	現場二	301	方便食品	301-02	麵包	
15	101	專中	101-03	信義店	202	現場二	301	方便食品	301-03	糕點餅乾	
16	101	專中	101-04	南港店	203	現場三	302	飲料	302-01	碳酸飲料	
17	101	專中	101-04	南港店	204	現場四	302	飲料	302-02	茶飲料	
18	101	專中	101-04	南港店	204	現場四	302	飲料	302-03	乳品飲料	
19	101	專中	101-04	南港店	201	現場一	301	方便食品	301-01	速食麵	
20	101	專中	101-04	南港店	202	現場二	301	方便食品	301-02	麵包	
21	101	專中	101-05	烏未店	203	現場三	302	飲料	302-01	碳酸飲料	
22	101	專中	101-05	烏未店	204	現場四	302	飲料	302-02	茶飲料	
23	101	專中	101-05	烏未店	204	現場四	302	飲料	302-03	乳品飲料	
24	101	專中	101-05	烏未店	201	現場一	方便食品	301-01	速食麵		

（圖中標示：商品群訊息、商品訊息）

▲ 圖 20 多階層資料統計

目標 同時整理出商品群及商品的銷售數量

STEP 01 建立樞紐分析表。

❶ 打開檔案「CH3-03 多階層資料統計 01」之「樞紐分析表」工作表。

❷ 按照「圖 21 同時整理出商品群及商品的銷售數量 -01」，調整「樞紐分析表」工作表的「設計區」。

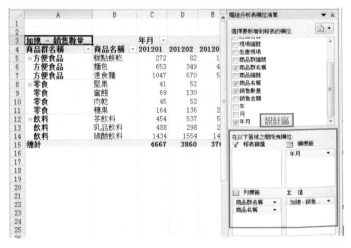

▲ 圖 21 同時整理出商品群及商品的銷售數量 -01

❸ 點擊工作列「樞紐分析表工具→設計」按鍵，並點擊「小計→在群組的底端顯示所有小計」。

▲ 圖 22 同時整理出商品群及商品的銷售數量 -02

❹ 點擊工作列「樞紐分析表工具→設計」按鍵，並點擊「報表版面配置→不要重複項目標籤」。

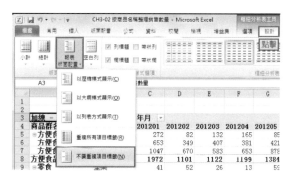

▲ 圖 23 同時整理出商品群及商品的銷售數量 -03

❺ 報表同時顯示各商品群和各商品的銷售數量。

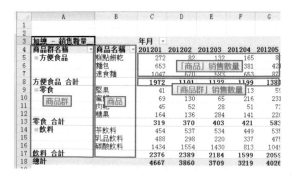

▲ 圖 24 同時整理出商品群及商品的銷售數量 -04

 結果見檔案「CH3-03 多階層資料統計 02」之「樞紐分析表 1」工作表。

❶ 打開檔案「CH3-03 多階層資料統計 02」之「樞紐分析表 1」工作表，在「欄位區」中勾除「商品名稱」。

❷ 報表僅顯示商品群訊息。

▲ 圖 25　同時整理出商品群及商品的銷售數量 -05

結果詳見檔案「CH3-03 多階層資料統計 03」之「樞紐分析表 2」工作表。

❸ 打開檔案「CH3-03 多階層資料統計 02」之「樞紐分析表 1」工作表，在「欄位區」中勾除「商品群名稱」。

❹ 報表僅顯示商品訊息。

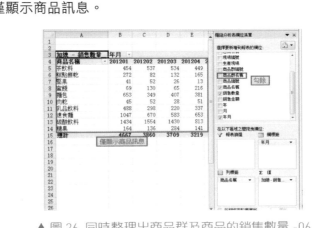

▲ 圖 26　同時整理出商品群及商品的銷售數量 -06

結果詳見檔案「CH3-03 多階層資料統計 04」之「樞紐分析表 3」工作表。

分別統計各商品在各店面的銷售狀況，以及各店面中各商品的銷售狀況

STEP 01 統計各商品在各店面的銷售狀況。

各商品在各店面的銷售狀況，應以「商品」訊息為首欄訊息，以「店面」訊息為次欄訊息。由於資料表包括「商品」訊息的上一層「商品群」訊息，以及「店面」訊息的上一層「超市」訊息，為了讓樞紐分析表的訊息更加完整，「設計區」進行如下設定。

❶ 打開檔案「CH3-03 多階層資料統計 02」之「樞紐分析表 1」工作表，「設計區」中「列標籤」的項目依次為「商品群名稱」、「商品名稱」、「超市名稱」、「店面名稱」。

❷ 「欄標籤」的項目為「年月」。

❸ 「∑ 值」的項目為「銷售數量」。

❹ 點擊工作列「樞紐分析表工具→設計」，並點擊「小計→不要顯示小計」。

❺ 報表顯示了各商品在各店面的銷售狀況。

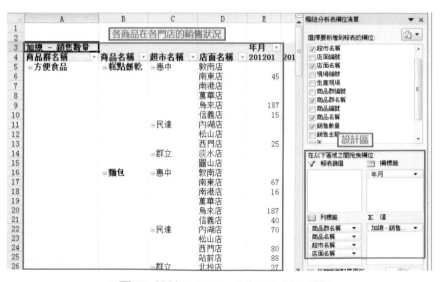

▲ 圖 27 統計各商品在各店面的銷售狀況

 結果詳見檔案「CH3-03 多階層資料統計 05」之「樞紐分析表 4」工作表。

STEP 02 統計各店面中各商品的銷售狀況。

各店面中各商品的銷售狀況,應以「店面」訊息為首欄訊息,以「商品」訊息
為次欄訊息。由於資料表中包括「商品」訊息的上一層「商品群」訊息,以及「店
面」訊息的上一層「超市」訊息,為了讓樞紐分析表的訊息更加完整,該樞紐
分析表的「列標籤」同樣納入「超市」和「商品群」項目,「設計區」進行如下
設定。

❶ 打開檔案「CH3-03 多階層資料統計 05」之「樞紐分析表 4」工作表,修
改「設計區」中「列標籤」的項目依次為「超市名稱」、「店面名稱」、「商
品群名稱」、「商品名稱」。

❷「欄標籤」的項目保持為「年月」。

❸「∑ 值」的項目保持為「銷售數量」。

❹ 報表顯示了各店面中各商品的銷售狀況。

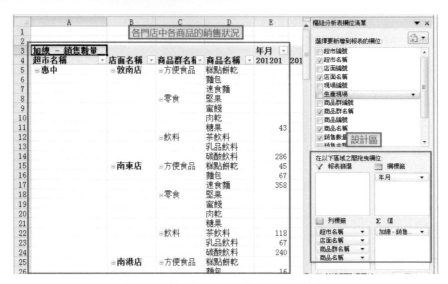

▲ 圖 28 統計各店面中各商品的銷售狀況

結果詳見檔案「CH3-03 多階層資料統計 06」之「樞紐分析表 5」工作表。

3.4 統計對象的主次區別

建立樞紐分析表時,「欄位區」中的各欄位在「設計區」中放置的位置不同,會導致樞紐分析表列和欄的標題項目不同,這一點容易理解。而各欄位在「設計區」中放置的先後順序不同,會導致樞紐分析表的統計對象的主次關係不同。以下舉例說明欄位放置的先後順序對統計對象主次關係的影響。

 計算各現場生產的各商品群下各商品的銷售金額

STEP 01 建立樞紐分析表。

❶ 打開檔案「CH3-04 統計對象的主次區別 01」之「資料表」工作表。

❷ 選中任意有資料的儲存格。

❸ 點擊工作列「插入」按鍵,並點擊「樞紐分析表→樞紐分析表」。

❹ 在彈出的「建立樞紐分析表」對話方塊中,確認「表格 / 範圍」為「資料表 !\$A\$1:\$O\$804」。

❺ 點擊「確定」。

❻ 在「工作表 1」中,按照「圖 29 按商品名稱歸類並計算銷售數量 -01」設定「設計區」。

▲ 圖 29 計算各現場生產的各商品群下各商品的銷售金額 -01

❼ 點擊「∑ 值」下「加總 - 銷售金額」右側的下拉選單鍵。

❽ 選擇「值欄位設定」。

❾ 在彈出的「值欄位設定」對話方塊中，點擊「數值格式」。

❿ 在彈出的「儲存格格式」對話方塊中，「類別」選擇「數值」，「小數位數」改寫為「0」，並勾選「使用千分位（ , ）符號」。

⓫ 依次在兩個對話方塊中點擊「確定」。

⓬ 報表顯示各現場生產的各商品的銷售金額。可以依次找到各現場的銷售金額小計、各商品的銷售金額小計。

	A	B	C	D	E	F
1						
2						
3	加總 - 銷售金額	欄標籤		現場銷售金額小計		
4	列標籤	201201	201202			201205
5	⊟現場二	77,600	38,269	49,359	48,105	40,957
6	⊟方便食品	77,600	38,269	49,359	48,105	40,957
7	糕點餅乾	25,027	7,488	15,359	17,000	7,926
8	麵包	52,573	30,78	商品群銷售金額小計		33,031
9	⊟現場六	13,955	20,825			38,014
10	⊟零食	13,955	20,825	12,405	27,913	38,014
11	堅果	4,101	5,060	2,805	1,313	6,362
12	蜜餞	5,176	10,931	6,960	21,991	24,290
13	肉乾	4,678	4,834	2,640	4,609	7,362
14	⊟現場三	67,099	76,344	商品銷售金額小計		48,455
15	⊟飲料	67,099	76,344	66,205	34,706	48,455
16	碳酸飲料	67,099	76,344	66,205	34,706	48,455
17	⊟現場四	38,476	33,319	35,563	35,627	43,057
18	⊟飲料	38,476	33,319	35,563	35,627	43,057
19	茶飲料	18,061	19,185	22,708	19,021	23,132
20	乳品飲料	20,415	11,837	10,794	15,320	19,925
21	碳酸飲料		2,297	2,061	1,286	
22	⊟現場五	18,438	14,010	29,659	13,814	21,897
23	⊟零食	18,438	14,010	29,659	13,814	21,897
24	糖果	18,438	14,010	29,659	13,814	21,897
25	⊟現場一	53,848	34,569	33,513	34,774	46,573
26	⊟方便食品	53,848	34,569	33,513	34,774	46,573

▲ 圖 30 計算各現場生產的各商品群下各商品的銷售金額 -02

結果詳見檔案「CH3-04 統計對象的主次區別 02」之「樞紐分析表 1」工作表。

⑬ 將「工作表 1」重新命名為「樞紐分析表 1」。

STEP 02 　將「現場一」至「現場六」按序排列。

「現場一」至「現場六」的排序並未按照「一」至「六」的順序，系統預設按照「一」至「六」的拼音首字母順序排列。如果要按照「一」至「六」的順序排列，則要透過人工方式。

❶ 打開檔案「CH3-04 統計對象的主次區別 02」之「樞紐分析表 1」工作表。

❷ 按住「樞紐分析表 1」工作表，同時按住「Ctrl」按鍵並向右拖移，直至出現向下的三角箭頭。

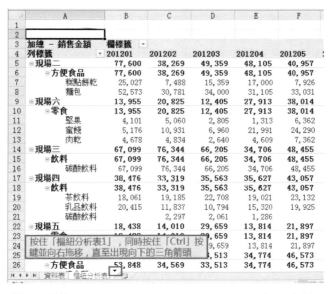

▲ 圖 31 計算各現場生產的各商品群下各商品的銷售金額 -03

❸ 先鬆開滑鼠，再鬆開「Ctrl」按鍵，則複製得到新的工作表「樞紐分析表 1（2）」。複製「樞紐分析表 1」工作表，是為了便於將步驟結果與上一步驟的結果作比較。

❹ 在「樞紐分析表 2」工作表中，選中 A25 儲存格。

❺ 將滑鼠移到 A25 儲存格右側邊框，直至出現十字符號。

❻ 按住滑鼠，將 A25 儲存格「現場一」移動到 A5 儲存格「現場二」之上。

	A	B	C	D	E	2012
1						
2						
3	加總 – 銷售金額	欄標籤				
4	列標籤	201201	201202	201203	201204	2012
5	現場二	77,600	38,269	49,359	48,105	40
6	方便食品	77,600	38,269	49,359	48,105	40
7	糕點餅乾	25,027	7,488	15,359	17,000	
8	麵包	52,573	30,781	34,000	31,105	3
9	現場六	13,955	20,825	12,405	27,913	38
10	零食	13,955	20,825	12,405	27,913	38
11	堅果	4,101	5,060	2,805	1,313	
12	蜜餞	5,176	10,931	6,960	21,991	2
13	肉乾	4,678	4,834	2,640	4,609	
14	現場三	67,099	76,344	66,205	34,706	48
15	飲料	67,099	76,344	66,205	34,706	48
16	碳酸飲料	67,099	76,344	66,205	34,706	4
17	現場四	38,476	33,319	35,563	35,627	43
18	飲料	38,476	33,319	35,563	35,627	43
19	茶飲料	18,061	19,185	22,708	19,021	2
20	乳品飲料	20,415	11,837	10,794	15,320	1
21	碳酸飲料		2,297	2,061	1,286	
22	現場五	18,438	14,010	29,659	13,814	21
23	零食	18,438	14,010	29,659	13,814	21
24	糖果	18,438	14,010	29,659	13,814	2
25	現場一	53,848	34,569	33,513	34,774	46
26	方便食品	53,848	34,569	33,513	34,774	46
27	速食麵	53,848	34,569	33,513	34,774	4

▲ 圖 32 計算各現場生產的各商品群下各商品的銷售金額 -04

❼「現場一」的相關數據移到了報表的第一組。

	A	B	C	D	E	F
1						
2						
3	加總 – 銷售金額	欄標籤				
4	列標籤	「現場一」的相關數據位於報表的第一組			201204	201205
5	現場一	53,848	34,569	33,513	34,774	46,573
6	方便食品	53,848	34,569	33,513	34,774	46,573
7	速食麵	53,848	34,569	33,513	34,774	46,573
8	現場二	77,600	38,269	49,359	48,105	40,957
9	方便食品	77,600	38,269	49,359	48,105	40,957
10	糕點餅乾	25,027	7,488	15,359	17,000	7,926
11	麵包	52,573	30,781	34,000	31,105	33,031
12	現場六	13,955	20,825	12,405	27,913	38,014
13	零食	13,955	20,825	12,405	27,913	38,014
14	堅果	4,101	5,060	2,805	1,313	6,362
15	蜜餞	5,176	10,931	6,960	21,991	24,290
16	肉乾	4,678	4,834	2,640	4,609	7,362
17	現場三	67,099	76,344	66,205	34,706	48,455
18	飲料	67,099	76,344	66,205	34,706	48,455
19	碳酸飲料	67,099	76,344	66,205	34,706	48,455
20	現場四	38,476	33,319	35,563	35,627	43,057
21	飲料	38,476	33,319	35,563	35,627	43,057
22	茶飲料	18,061	19,185	22,708	19,021	23,132
23	乳品飲料	20,415	11,837	10,794	15,320	19,925
24	碳酸飲料		2,297	2,061	1,286	
25	現場五	18,438	14,010	29,659	13,814	21,897
26	零食	18,438	14,010	29,659	13,814	21,897
27	糖果	18,438	14,010	29,659	13,814	21,897

▲ 圖 33 計算各現場生產的各商品群下各商品的銷售金額 -05

❽ 對於其他現場的相關數據訊息，也採用同樣的方法，按照「現場一」至「現場六」的排序，移動到報表的相對應位置。

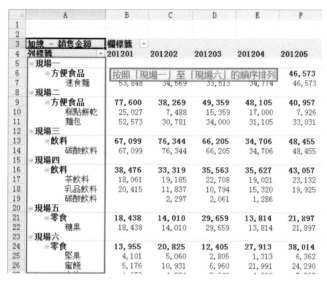

| 加總 - 銷售金額 | 欄標籤 | | | | |
列標籤	201201	201202	201203	201204	201205
⊟ 現場一					
⊟ 方便食品	按照「現場一」至「現場六」的順序排列				46,573
速食麵	53,848	34,569	33,513	34,774	46,573
⊟ 現場二					
⊟ 方便食品	77,600	38,269	49,359	48,105	40,957
糕點餅乾	25,027	7,488	15,359	17,000	7,926
麵包	52,573	30,781	34,000	31,105	33,031
⊟ 現場三					
⊟ 飲料	67,099	76,344	66,205	34,706	48,455
碳酸飲料	67,099	76,344	66,205	34,706	48,455
⊟ 現場四					
⊟ 飲料	38,476	33,319	35,563	35,627	43,057
茶飲料	18,061	19,185	22,708	19,021	23,132
乳品飲料	20,415	11,837	10,794	15,320	19,925
碳酸飲料		2,297	2,061	1,286	
⊟ 現場五					
⊟ 零食	18,438	14,010	29,659	13,814	21,897
糖果	18,438	14,010	29,659	13,814	21,897
⊟ 現場六					
⊟ 零食	13,955	20,825	12,405	27,913	38,014
堅果	4,101	5,060	2,805	1,313	6,362
蜜餞	5,176	10,931	6,960	21,991	24,290

▲ 圖 34 計算各現場生產的各商品群下各商品的銷售金額 -06

 結果詳見檔案「CH3-04 統計對象的主次區別 03」之「樞紐分析表 2」工作表。

❾ 將「樞紐分析表 1（2）」工作表重新命名為「樞紐分析表 2」。

如果我們顛倒現場和商品的主次分析順序，結果會是怎樣的呢？

 計算各商品群下各商品在各現場的銷售金額

STEP 01 建立樞紐分析表。

❶ 複製「CH3-04 統計對象的主次區別 02」之「樞紐分析表 1」工作表，得到「樞紐分析表 1（2）」工作表。

❷ 將「樞紐分析表 1（2）」工作表重新命名為「樞紐分析表 3」。

❸ 在「樞紐分析表 3」工作表中，按住「設計區」中「行標籤」下的「商品名稱」，拖移至「行標籤」的最上層。

❹ 按住「行標籤」下的「生產現場」，拖移至「行標籤」的最下層。

❺ 報表以「商品」為主進行分析。

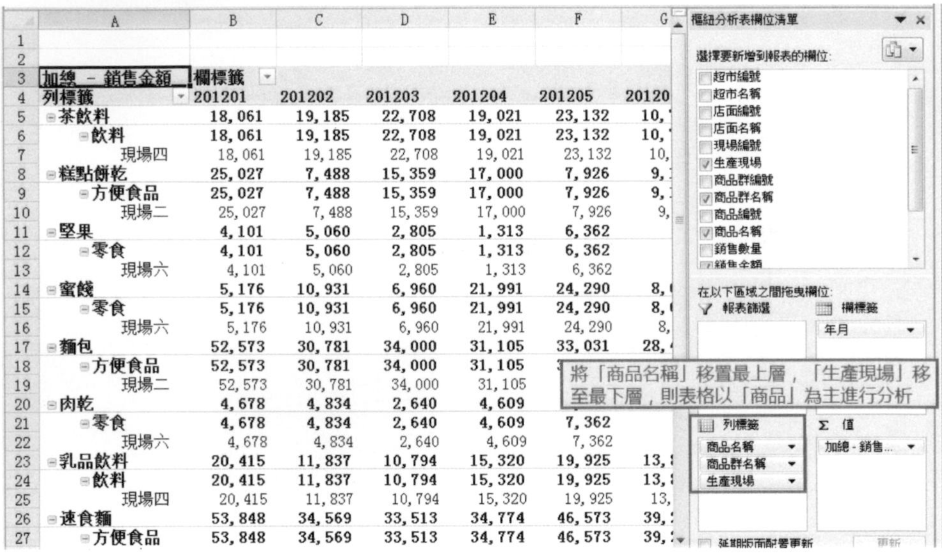

▲ 圖 35 計算各商品群下各商品在各現場的銷售金額 -01

 結果詳見檔案「CH3-04 統計對象的主次區別 04」之「樞紐分析表 3」工作表。

> **STEP 02** 對比檔案「CH3-04 統計對象的主次區別 03」之「樞紐分析表 2」工作表，和檔案「CH3-04 統計對象的主次區別 04」之「樞紐分析表 3」工作表的分析結果。

❶ 在檔案「CH3-04 統計對象的主次區別 03」之「樞紐分析表 2」工作表中，「現場二」生產的糕點餅乾，2012 年 1 月的銷售金額（B10 儲存格）是 25,027 元。

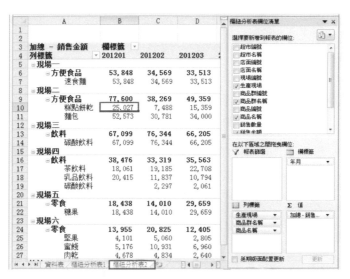

▲ 圖 36 計算各商品群下各商品在各現場的銷售金額 -02

結果詳見檔案「CH3-04 統計對象的主次區別 03」之「樞紐分析表 2」工作表。

❷ 在檔案「CH3-04 統計對象的主次區別 04」之「樞紐分析表 3」工作表中，糕點餅乾的生產「現場二」，2012 年 1 月的銷售金額（B10 儲存格）是 25,027 元。

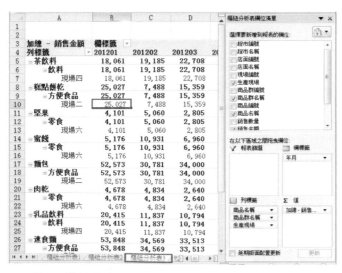

▲ 圖 37 計算各商品群下各商品在各現場的銷售金額 -03

結果詳見檔案「CH3-04 統計對象的主次區別 04」之「樞紐分析表 3」工作表。

檔案「CH3-04 統計對象的主次區別 03」之「樞紐分析表 2」工作表的統計結果，與檔案「CH3-04 統計對象的主次區別 04」之「樞紐分析表 3」工作表的統計結果，雖然統計的主次關係不同，但對應項目的統計結果是一致的。不同的行標籤順序在表達不同的分析目的與結果時，統計計算的依據是一致的。

3.5 摘要值方式

之前的例子都是計算銷售數量或者銷售金額加總的，樞紐分析表的功能遠不止於此，在適當的場合，樞紐分析表可以計算項目個數。什麼情況下會這樣做呢？以下將舉例說明。

 計算各現場生產的各商品的銷售店面數量

❶ 打開檔案「CH3-05 項目個數的統計 01」之「樞紐分析表 1」工作表。

❷ 該樞紐分析表中，已將「店面名稱」拖移到「設計區」中的「∑ 值」下。

由於「店面名稱」儲存格的屬性是「文字」而非「數值」，因此 EXCEL 認定計算「店面名稱」的個數，即「計數 - 店面名稱」。

▲ 圖 38 計算各現場生產的各商品的銷售店面數量 -01

❸ 報表中的資料為相對應條件下統計得到的店面數量。例如，D10 儲存格的「3」表示，2012 年 3 月，「現場六」生產的蜜餞，共有 3 家店面在銷售。

▲ 圖 39 計算各現場生產的各商品的銷售店面數量 -02

❹ 點擊兩下 D10 儲存格，EXCEL 便產生一張新的工作表「工作表 1」，顯示 D10 儲存格的 3 條明細內容。

▲ 圖 40 計算各現場生產的各商品的銷售店面數量 -03

 結果詳見檔案「CH3-05 項目個數的統計 02」之「D10 儲存格明細」工作表。

❺ 將「工作表 1」重新命名為「D10 儲存格明細」。

從上述結果看到，樞紐分析表羅列的結果是符合相對應條件的各店面的數量加總。如果我們要找出 2012 年 3 月銷售六現場生產的蜜餞的「超市」共有幾家，是否可以直接將「∑ 值」下的「店面名稱」調整為「超市名稱」呢？我們嘗試一下。

 計算各現場生產的各商品的銷售超市數量

 ❶ 打開檔案「CH3-05 項目個數的統計 02」之「樞紐分析表 1」工作表。

❷ 複製「樞紐分析表 1」工作表，並重新命名為「樞紐分析表 2」。

❸ 在「樞紐分析表 2」工作表中，勾除「欄位區」中的「店面名稱」。

❹ 將「超市名稱」拖移至「∑ 值」下。

▲ 圖 41 計算各現場生產的各商品的銷售超市數量 -01

「資料表」中,「超市名稱」共 3 種,也就是統計數字應該「小於等於 3」,而「樞紐分析表 2」中,統計數字「大於 3」的儲存格有很多,統計為何出錯了呢?我們檢驗一下統計數字的明細,例如 B7 儲存格的統計數字「9」。

❺ 點擊兩下 B7 儲存格,EXCEL 產生新的工作表「工作表 2」,顯示 B7 儲存格的 9 條明細內容。可見,該明細仍舊針對「店面名稱」計數,而非針對「超市名稱」計數。

▲ 圖 42 計算各現場生產的各商品的銷售超市數量 -02

結果詳見檔案「CH3-05 項目個數的統計 03」之「B7 儲存格明細」工作表。

❻ 將「工作表 2」重新命名為「B7 儲存格明細」。

為什麼會出現上述的現象呢?這是因為,在資料表中,與「超市」相關的訊息包括「超市名稱」和「店面名稱」,「店面名稱」位於「超市名稱」的下一層,則 EXCEL 作統計時,會以較低級別的「店面名稱」為統計依據。因此,即使在「∑ 值」下顯示的是「超市名稱」,統計結果仍舊依據「店面名稱」計數,出現錯誤的統計值。這一點從「B7 儲存格明細」工作表中可清晰看出。

難道在使用相同資料表的情況下就無法讓 EXCEL 對「超市名稱」計數了嗎?事實上,我們只需事先請 EXCEL 調整資料表,將「超市名稱」變成較低級別的訊息,便能實現對「超市名稱」計數的功能。

（目標）**調整資料層級後作為新的資料表，計算各現場生產的各商品的銷售超市數量**

❶ 打開檔案「CH3-06 調整資料層級 01」之「樞紐分析表」工作表。

❷「樞紐分析表」的「設計區」中，「行標籤」已依次設定為「超市名稱」、「生產現場」、「商品群名稱」、「商品名稱」、「年月」，「∑值」依次設為「銷售數量」、「銷售金額」。

由於「∑值」處設有「銷售數量」、「銷售金額」兩項，故「欄標籤」下自動產生了「∑值」項。

▲ 圖 43 調整資料層級 -01

❸ 點擊工作列「樞紐分析表工具→設計」按鍵，並點擊「總計→關閉列與欄」，取消總計項目。

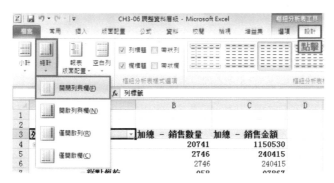

▲ 圖 44 調整資料層級 -02

❹ 點擊工作列「樞紐分析表工具→設計」按鍵，並點擊「小計→不要顯示小計」，取消小計項目。

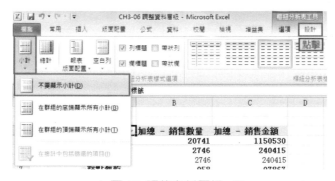

▲ 圖 45 調整資料層級 -03

❺ 點擊工作列「樞紐分析表工具→設計」按鍵，並點擊「報表版面配置→以列表方式顯示」。

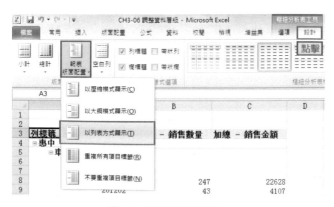

▲ 圖 46 調整資料層級 -04

❻ 點擊工作列「樞紐分析表工具→設計」按鍵，並點擊「報表版面配置→重複所有項目標籤」，填補報表中的所有空格。

▲ 圖 47 調整資料層級 -05

❼ 報表按照所「設計」的格式呈現。

	A	B	C	D	E	F
1						
2						
3	**超市名稱**	商品群名稱	商品名稱	年月	加總 – 銷售數量	加總 – 銷售金額
4	惠中	方便食品	糕點餅乾	201201	247	22628
5	惠中	方便食品	糕點餅乾	201202	43	4107
6	惠中	方便食品	糕點餅乾	201203	65	7680
7	惠中	方便食品	糕點餅乾	201204	115	12084
8	惠中	方便食品	糕點餅乾	201206	71	7816
9	惠中	方便食品	糕點餅乾	201207	72	9988
10	惠中	方便食品	糕點餅乾	201208	98	8360
11	惠中	方便食品	糕點餅乾	201209	19	1750
12	惠中	方便食品	糕點餅乾	201210	65	6718
13	惠中	方便食品	糕點餅乾	201211	72	7694
14	惠中	方便食品	糕點餅乾	201212	91	9042
15	惠中	方便食品	麵包	201201	310	24822
16	惠中	方便食品	麵包	201202	131	11098
17	惠中	方便食品	麵包	201203	150	11801
18	惠中	方便食品	麵包	201204	95	7388
19	惠中	方便食品	麵包	201205	182	14541
20	惠中	方便食品	麵包	201206	127	8526
21	惠中	方便食品	麵包	201207	143	12042
22	惠中	方便食品	麵包	201208	83	7404
23	惠中	方便食品	麵包	201209	164	12803
24	惠中	方便食品	麵包	201210	89	6740
25	惠中	方便食品	麵包	201211	188	15312
26	惠中	方便食品	麵包	201212	126	10071
27	惠中	方便食品	速食麵	201201	669	32069

▲ 圖 48

 結果詳見檔案「CH3-06 調整資料層級 02」之「調整後的樞紐分析表」工作表。

STEP 02 產生新資料表。

❶ 打開檔案「CH3-06 調整資料層級 02」之「調整後的樞紐分析表」工作表。

❷ 插入工作表，並命名為「新資料表」。

❸ 點擊「調整後的樞紐分析表」工作表左上角的按鍵，表示選擇工作表中的所有數據。

❹ 複製全部數據。

▲ 圖 49 調整資料層級 -06

❺ 以「僅貼上數值」的方式，貼到「新資料表」工作表中。

❻「新資料表」工作表中，「超市名稱」為較低層級的數據，該資料表可以用於建立新的樞紐分析表，計算各現場生產的各商品的銷售超市數量。

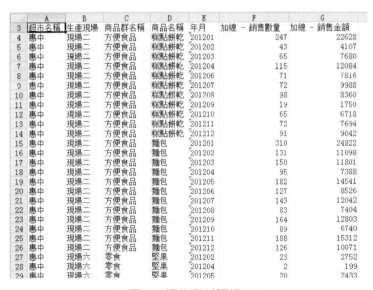

	A	B	C	D	E	F	G
3	超市名稱	生產現場	商品群名稱	商品名稱	年月	加總 – 銷售數量	加總 – 銷售金額
4	惠中	現場二	方便食品	糕點餅乾	201201	247	22628
5	惠中	現場二	方便食品	糕點餅乾	201202	43	4107
6	惠中	現場二	方便食品	糕點餅乾	201203	65	7680
7	惠中	現場二	方便食品	糕點餅乾	201204	115	12084
8	惠中	現場二	方便食品	糕點餅乾	201206	71	7816
9	惠中	現場二	方便食品	糕點餅乾	201207	72	9988
10	惠中	現場二	方便食品	糕點餅乾	201208	98	8360
11	惠中	現場二	方便食品	糕點餅乾	201209	19	1750
12	惠中	現場二	方便食品	糕點餅乾	201210	65	6718
13	惠中	現場二	方便食品	糕點餅乾	201211	72	7694
14	惠中	現場二	方便食品	糕點餅乾	201212	91	9042
15	惠中	現場二	方便食品	麵包	201201	310	24822
16	惠中	現場二	方便食品	麵包	201202	131	11098
17	惠中	現場二	方便食品	麵包	201203	150	11801
18	惠中	現場二	方便食品	麵包	201204	95	7388
19	惠中	現場二	方便食品	麵包	201205	182	14541
20	惠中	現場二	方便食品	麵包	201206	127	8526
21	惠中	現場二	方便食品	麵包	201207	143	12042
22	惠中	現場二	方便食品	麵包	201208	83	7404
23	惠中	現場二	方便食品	麵包	201209	164	12803
24	惠中	現場二	方便食品	麵包	201210	89	6740
25	惠中	現場二	方便食品	麵包	201211	188	15312
26	惠中	現場二	方便食品	麵包	201212	126	10071
27	惠中	現場六	零食	堅果	201202	23	2752
28	惠中	現場六	零食	堅果	201204	2	199
29	惠中	現場六	零食	堅果	201205	20	2433

▲ 圖 50 調整資料層級 -07

結果詳見檔案「CH3-06 調整資料層級 03」之「新資料表」工作表。

> **STEP 03** 計算各現場生產的各商品的銷售超市數量。

❶ 選擇「新資料表」工作表中任意存有資料的儲存格。

❷ 點擊工作列「插入」按鍵,並點擊「樞紐分析表→樞紐分析表」。

❸ 在彈出的「建立樞紐分析表」對話方塊中,確認「表格/範圍」為「資料表 !$A$3:$G$314」。

❹ 點擊「確定」。

❺ 在 EXCEL 產生的「工作表 2」中,按照「圖 51 調整資料層級 -08」設定「設計區」。

❻ 統計資料顯示的是各現場生產的各商品的銷售超市數量。

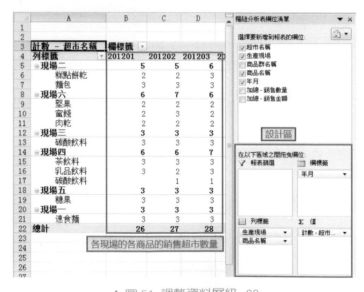

▲ 圖 51 調整資料層級 -08

 結果詳見檔案「CH3-06 調整資料層級 03」之「新樞紐分析表」工作表。

❼ 將「工作表 2」重新命名為「新樞紐分析表」。

❽ 點擊兩下 E11 儲存格，則在產生的「工作表 3」中，列出兩個超市的銷售訊息。

❾ 將「工作表 3」重新命名為「E11 儲存格明細」。

	A	B	C	D	E	F	G
1	超市名稱 ▾	生產現場 ▾	商品群名稱 ▾	商品名稱 ▾	年月 ▾	加總 – 銷售數量 ▾	加總 – 銷售金額 ▾
2	民達	現場六	零食	肉乾	201204	27	2522
3	惠中	現場六	零食	肉乾	201204	24	2087
4							

▲ 圖 52 調整資料層級 -09

 結果詳見檔案「CH3-06 調整資料層級 03」之「E11 儲存格明細」工作表。

透過以上介紹，我們已經掌握了利用樞紐分析表進行「加總」和「計數」的統計計算方法。事實上，以上只是拋磚引玉，樞紐分析表的統計計算還包括「平均值計算」、「最值計算」、「乘積計算」等各種各類的統計計算方式，當然「加總」和「計數」是最常用的。

各種各類的統計計算方式，我們稱為「摘要值方式」，主要包括如下 11 種。

❖ 「加總」：對數值型的值加總

❖ 「項目個數」：對各種類型的值計算個數

❖ 「平均值」：對數值型的值求平均值

❖ 「最大值」：找出最大的值

❖ 「最小值」：找出最小的值

❖ 「乘積」：將所有數值型的值相乘

❖ 「數字項個數」：對數值型的值計算個數

❖ 「標準差」：對數值型的值計算樣本標準差

❖ 「母體標準差」：對數值型的值計算母體標準差

❖ 「變異值」：對數值型的值計算樣本變異值

❖ 「母體變異值」：對數值型的值計算母體變異值

以上各個統計計算方式中，部分和「計數」方式一樣，會受到數據層級的影響，例如「平均值」的計算。因此，在具體計算的過程中，要明確資料表的有效性，不然會產生錯誤的結果。

本章節將對上述統計計算方式舉例說明。

 計算各現場的平均銷售金額

❶ 打開檔案「CH3-07 平均值計算 01」之「樞紐分析表」工作表。

❷ 該樞紐分析表統計了「各現場銷售金額的加總」。

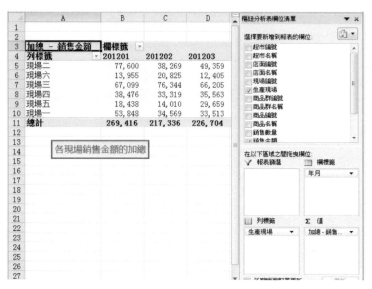

▲ 圖 53 計算各現場的平均銷售金額 -01

❸ 點擊「∑ 值」下「加總 - 銷售金額」右側的下拉選單鍵，選擇「值欄位設定」。

❹ 在彈出的「值欄位設定」對話方塊中，選擇「平均值」，表示求解「平均值」而非「加總」。

❺「自訂名稱」自動將「加總 - 銷售金額」改寫為「平均值 - 銷售金額」。

▲ 圖 54 計算各現場的平均銷售金額 -02

❻ 點擊「確定」，得到「各現場的平均銷售金額」。

由於「CH3-07 平均值計算 01」之「樞紐分析表」工作表中的數據格式已
經預設為「小數位數為 0」、「使用千位分隔符號」，因此，平均值的顯示
沒有小數位。

平均值 - 銷售金額	欄標籤					
列標籤	201201	201202	201203	201204	201205	201206
現場二	5,969	2,734	3,526	3,207	3,413	3,131
現場六	2,326	2,314	1,772	2,326	2,376	2,888
現場三	7,455	6,362	7,356	3,856	5,384	7,149
現場四	2,138	1,960	1,976	1,484	1,957	2,239
現場五	6,146	2,802	2,696	1,973	3,128	4,128
現場一	5,385	3,143	3,351	3,161	4,657	3,926
總計	4,566	3,196	3,286	2,499	3,144	3,966

（各現場的平均銷售金額）

▲ 圖 55 計算各現場的平均銷售金額 -03

 結果詳見檔案「CH3-07 平均值計算 02」之「樞紐分析表 - 更新」工作表。

❼ 點擊兩下 C7 儲存格，查看「現場三」的 2012 年 2 月平均銷售金額「6,362」
的計算基礎。

❽ 在 EXCEL 產生的「工作表 1」中，D 欄針對「店面名稱」的計數數量為
「12 項」，L 欄「銷售金額」加總為「76,344 元」。

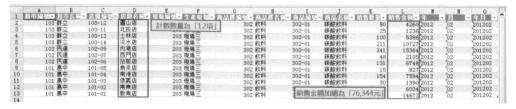

▲ 圖 56 計算各現場的平均銷售金額 -04

結果詳見檔案「CH3-07 平均值計算 02」之「C7 儲存格明細」工作表。

❾ 計算平均值 76,344 元 ÷12 項 =「6,362 元」。與「樞紐分析表 - 更新」工作表的 C7 儲存格結果一致。

此處，由於「店面名稱」是位於「超市名稱」下級的訊息，因此以「店面名稱」為計數依據。

❿ 將「工作表 1」重新命名為「C7 儲存格明細」。

目標 **計算各現場銷售金額的最大值**

 ❶ 打開檔案「CH3-08 最值計算 01」之「樞紐分析表」工作表。

❷ 該樞紐分析表同樣統計了「各現場銷售金額的加總」。

❸ 點擊「∑ 值」下「加總 - 銷售金額」的下拉選單鍵，選擇「值欄位設定」。

❹ 在彈出的「值欄位設定」對話方塊中，選擇「最大值」，表示計算「最大值」而非「加總」。

▲ 圖 57 計算各現場銷售金額的最大值 -01

❺ 點擊「確定」，得到「各現場銷售金額的最大值」。

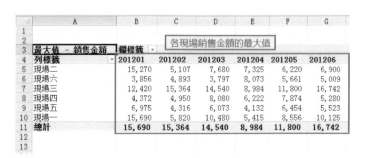

▲ 圖 58 計算各現場銷售金額的最大值 -02

 結果詳見檔案「CH3-08 最值計算 02」之「樞紐分析表 - 更新」工作表。

❻ 點擊按兩下 D8 儲存格，查看「現場四」2012 年 3 月的所有商品中銷售金額最大值「8,080」的計算基礎。

❼ 在 EXCEL 產生的「工作表 1」中，L 欄銷售金額的最大值為 L19 儲存格「8,080」。與「樞紐分析表 - 更新」工作表的 D8 儲存格一致。

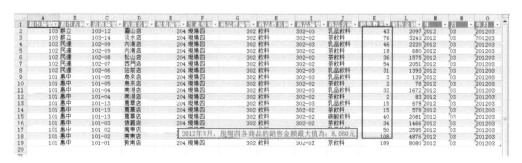

▲ 圖 59 計算各現場銷售金額的最大值 -03

 結果詳見檔案「CH3-08 最值計算 02」之「D8 儲存格明細」工作表。

❽ 將「工作表 1」重新命名為「D8 儲存格明細」。

3.6 設定區間值顯示

報表可以顯示精確數據，也可以顯示區間數據，適合不同場合的使用。下面將舉例 明「區間值顯示」的具體應用。

 統計各銷售金額區間內的店面數量

❶ 打開檔案「CH3-09 按銷售金額區間統計 01」之「樞紐分析表」工作表。

❷ 樞紐分析表各商品群在某個月度銷售金額下的店面數量。例如，D8 儲存格表示，「飲料」月度銷售金額達 90 元的店面有 2 家。

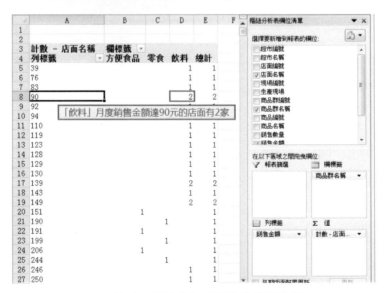

▲ 圖 60 統計各銷售金額區間內的店面數量 -01

❸ 選中 A 欄「銷售金額」下的任意儲存格。

❹ 工作列「樞紐分析表工具→選項」按鍵，並點擊「群組選取」。

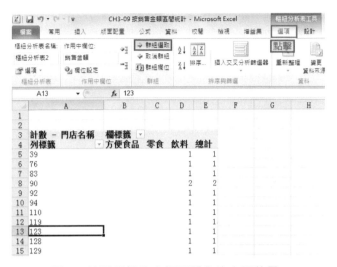

▲ 圖 61 統計各銷售金額區間內的店面數量 -02

❺ 在彈出的「數列群組」對話方塊中，將「開始點」右側欄位中的「39」改寫為「1」。

❻ 將「結束點」右側的欄位中的「19034」改寫為「20000」。

❼ 將「間距值」右側的欄位中的「1000」改寫為「2000」。

▲ 圖 62 統計各銷售金額區間內的店面數量 -03

❽ 點擊「確定」。

❾ A 欄「銷售金額」的值變成區間值，以 1 為起點，2,000 為間距。按照區間訊息顯示各商品群月度銷售金額對應的店面數量。

例如，C6 儲存格的統計數字「62」，代表的是，商品群「零食」中的各商品，月度銷售金額位於 2001-4000 的店面數量為 62 個。注意，報表的統計基礎是商品群「零食」中的各商品，即對「糖果」、「蜜餞」、「堅果」、「肉乾」分別作獨立統計，因為「商品名稱」的層級較「商品群名稱」低，統計對象取較低層級的。

▲ 圖 63 統計各銷售金額區間內的店面數量 -04

 結果詳見檔案「CH3-09 按銷售金額區間統計 02」之「樞紐分析表 - 更新」
工作表。

⑩ 在「CH3-09 按銷售金額區間統計 02」之「樞紐分析表 - 更新」工作表中，
點擊兩下 C6 儲存格。

⑪ 在 EXCEL 產生的「工作表 1」中，是具體的店面訊息。報表以各商品（非
商品群）的月度銷售金額為統計基礎，計算符合條件的店面數量。

	A	B	C	D	E	F	G	H
1	超市編號	超市名稱	店面編號	店面名稱	62家店面的詳細訊息		商品群編號	商品群名稱
2	103	群立	103-14	淡水店	206	現場六	303	零食
3	102	民達	102-09	內湖店	205	現場五	303	零食
4	102	民達	102-08	松山店	205	現場五	303	零食
5	101	惠中	101-02	南東店	206	現場六	303	零食
6	103	群立	103-14	淡水店	206	現場六	303	零食
7	103	群立	103-14	淡水店	205	現場五	303	零食
8	103	群立	103-14	淡水店	206	現場六	303	零食
9	102	民達	102-08	松山店	205	現場五	303	零食
10	102	民達	102-07	西門店	206	現場六	303	零食
11	101	惠中	101-01	敦南店	206	現場六	303	零食
12	103	群立	103-12	圓山店	205	現場五	303	零食
13	103	群立	103-14	淡水店	205	現場五	303	零食
14	102	民達	102-07	西門店	206	現場六	303	零食
15	102	民達	102-07	西門店	206	現場六	303	零食
16	102	民達	102-07	西門店	205	現場五	303	零食
17	101	惠中	101-03	信義店	205	現場五	303	零食
18	103	群立	103-12	圓山店	205	現場五	303	零食
19	103	群立	103-12	圓山店	206	現場六	303	零食
20	103	群立	103-14	淡水店	205	現場五	303	零食
21	102	民達	102-08	松山店	205	現場五	303	零食
22	102	民達	102-06	站前店	205	現場五	303	零食
23	101	惠中	101-02	南東店	206	現場六	303	零食
24	101	惠中	101-02	南東店	205	現場五	303	零食
25	103	群立	103-12	圓山店	205	現場五	303	零食
26	103	群立	103-13	士林店	206	現場六	303	零食
27	103	群立	103-14	淡水店	205	現場五	303	零食
28	102	民達	102-07	西門店	206	現場六	303	零食

▲ 圖 64 統計各銷售金額區間內的店面數量 -04

結果詳見檔案「CH3-09 按銷售金額區間統計 02」之「C6 儲存格明細」工作表。

⑫ 將「工作表 1」重新命名為「C6 儲存格明細」。

3.7 建立群組

樞紐分析表的「群組功能」可以用來建立更多的分析報表。下面將舉例說明「群組功能」的應用。

資料表中，各項數據是以「月」為單位統計的，之前建立的樞紐分析表均採用資料表的訊息，並按「月」或「年」分析數據。事實上，同一張樞紐分析表中，可以根據分析的需要，同時採用「月」的統計或者「年」的統計。例如對於已經過去的 2012 年，可以將 2102 年全年的數據作為一個獨立的分析對象，而 2013 年各月的數據分別為獨立的分析對象，將 2102 年全年的數據與 2013 年各月的數據作比較分析。

目標 將 2012 年各月銷售數據建群組，形成年度資料

 ❶ 打開檔案「CH3-10 月度數據建群組成年度數據 01」之「樞紐分析表」工作表。

❷ 選中 A5~A16 儲存格。

❸ 右鍵點擊滑鼠，選擇「群組」。

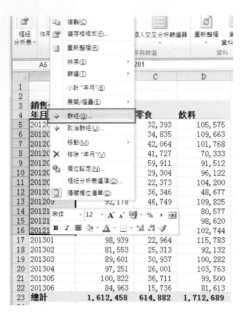

▲ 圖 65 將 2012 年各月銷售數據建群組 -01

❹「設計區」的「列標籤」下出現的「年月2」，便是新建的群組。同時，報
表中出現「資料組1」，該資料組下包括 201201~201212 的數據。

▲ 圖 66 將 2012 年各月銷售數據建群組 -02

❺ 移除「列標籤」下的「年月」，B 欄的「年月」消失了。

❻ 選中 A5 儲存格。

❼ 將公式欄中的「資料組 1」改寫為「2012」。

▲ 圖 67 將 2012 年各月銷售數據建群組 -03

❽ 報表清晰呈現 2012 年全年數據及 2013 年 1 月至 6 月的數據。

▲ 圖 68 將 2012 年各月銷售數據建群組 -04

 結果詳見檔案「CH3-10 月度數據建群組成年度數據 02」之「樞紐分析表更新」工作表。

本書採用的資料表,「商品群」包括 3 項內容,分別為「方便食品」、「飲料」、「零食」。類似上例同一張樞紐分析表中對部分數據進行「年」的統計、對另一部分數據進行「月」的統計,本例將「飲料」、「零食」組成新的商品群,叫做「休閒食品」,保留商品群「方便食品」,將商品群「方便食品」和商品群「休閒食品」作比較分析。

 目標 增加分類「休閒食品」,包括「飲料」和「零食」

STEP 01 增加「休閒食品」商品群。

 ❶ 打開檔案「CH3-11 多個商品群組成新的商品群 01」之「樞紐分析表」工作表。該樞紐分析表統計的是各商品群下各商品各月的銷售數量。

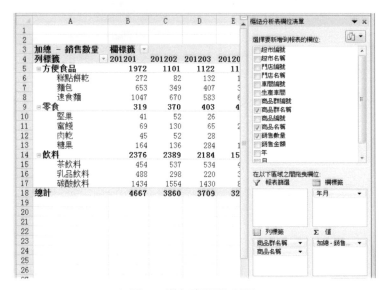

▲ 圖 69 增加商品群分類 -01

❷ 選中 A 欄中任意「商品群名稱」。

❸ 點擊工作列「樞紐分析表工具→選項」按鍵,並點擊「計算→欄位、項目和集→計算項目」。

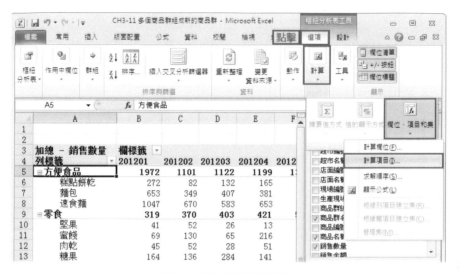

▲ 圖 70 增加商品群分類 -02

如果事先沒有選中任意「商品群名稱」,會因為選擇的對象有誤而無法使用「計算項目」功能對商品群建群組。

❹ 在彈出的「將欲計算的項目加入到 "商品群名稱"」對話方塊中,將「名稱」右側欄位中的「公式 1」改寫為「休閒食品」。

❺ 刪除「公式」右側欄位中的「0」。

❻ 點擊兩下「項目」下的「零食」。「公式」顯示「= 零食」。

❼ 鍵入「+」。

❽ 點擊兩下「項目」下的「飲料」。「公式」顯示「= 零食 + 飲料」。

▲ 圖 71 增加商品群分類 -03

❾ 點擊「關閉」。報表中增加了商品群「休閒食品」及相關資料。

商品群「休閒食品」不應包括「速食麵」、「麵包」、「糕點餅乾」3項商品，但 EXCEL 會將所有商品均納入「休閒食品」下，但其對應數據為「0」。

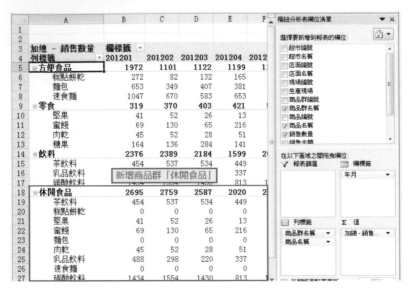

▲ 圖 72 增加商品群分類 -04

❿ 移動「休閒食品」數據至報表的最上方。

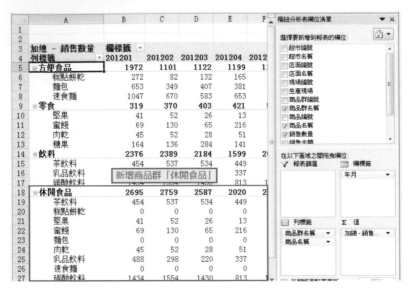

▲ 圖 73 增加商品群分類 -05

⑪ 點擊 A4 儲存格「列標籤」右側的下拉選單鍵，勾選「休閒食品」和「方便食品」兩個商品群。

▲ 圖 74 增加商品群分類 -06

⑫ 點擊「確定」。報表按照「休閒食品」和「方便食品」兩大類顯示各商品資料。

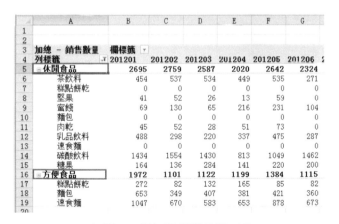

▲ 圖 75 增加商品群分類 -07

 結果詳見檔案「CH3-11 多個商品群組成新的商品群 02」之「樞紐分析表更新」工作表。

⑬「樞紐分析表 - 更新」工作表中增加了商品群「休閒食品」，同一檔案中的「樞紐分析表」工作表中也自動增加了商品群「休閒食品」，即新增的商品群會出現在檔案中每一張樞紐分析表中。

	A	B	C	D	E	F	G	H
2								
3	加總 - 銷售數量	欄標籤 ▾						
4	列標籤 ▾	201201	201202	201203	201204	201205	201206	201207
5	⊟ 方便食品	1972	1101	1122	1199	1384	1115	1183
6	糕點餅乾	272	82	132	165	85	82	142
7	麵包	653	349	407	381	421	360	410
8	速食麵	1047	670	583	653	878	673	631
9	⊟ 零食	319	370	403	421	583	304	249
10	堅果	41	52	26	13	59		
11	蜜餞	69	130	65	216	231	104	39
12	肉乾	45	52	28	51	73		12
13	糖果	164	136	284	141	220	200	198
14	⊟ 飲料	2376	2389	2184	1599	2059	2020	2356
15	茶飲料	454	537	534	449	535	271	574
16	乳品飲料	488	298	220	337	475	287	259
17	碳酸飲料	1434	1554	1430	813	1049	1462	1523
18	⊟ 休閒食品	2695	2759	2587	2020	2642	2324	2605
19	茶飲料	454	537	534	449	535	271	574
20	糕點餅乾	0	0	0	0	0	0	0
21	堅果	41	52	26	13	59	0	0
22	蜜餞	69	130	65	216	231	104	39
23	麵包	0	0	0	0	0	0	0
24	肉乾	45	52	28	51	73	0	12
25	乳品飲料	488	298	220	337	475	287	259
26	速食麵	0	0	0	0	0	0	0
27	碳酸飲料	1434	1554	1430	813	1049	1462	1523
28	糖果	164	136	284	141	220	200	198
29	總計	7362	6619	6296	5239	6668	5763	6393

資料表　樞紐分析表　樞紐分析表-更新

▲ 圖 76 增加商品群分類 -08

STEP 02 刪除新增的商品群。

❶ 打開檔案「CH3-11 多個商品群組成新的商品群 02」之「樞紐分析表 - 更新」工作表。

❷ 點擊工作列「樞紐分析表工具→選項」按鍵，並點擊「計算→欄位、項目和集→計算項目」。

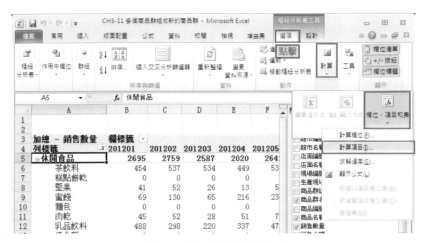

▲ 圖 77 增加商品群分類 -09

❸ 在彈出的「將欲計算的項目加入到 "商品群名稱"」對話方塊中,「名稱」右側的下拉選單鍵,並選擇「休閒食品」,點擊「刪除」。

▲ 圖 78 增加商品群分類 -10

❹ 點擊「關閉」。

❺ 新增的商品群「休閒食品」被刪除了。

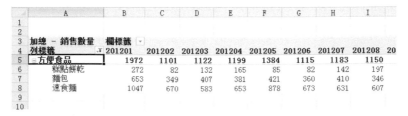

▲ 圖 79 增加商品群分類 -11

結果詳見檔案「CH3-11 多個商品群組成新的商品群 03」之「樞紐分析表更新」工作表。

3.8「交叉分析篩選器」工具

上述章節曾經介紹過樞紐分析表的篩選項功能，事實上，樞紐分析表提供了更加清晰明確的「篩選項」功能，即「交叉分析篩選器」工具，同樣可以篩選樞紐分析表中的數據，並增加了額外的用處。

 為樞紐分析表插入交叉分析篩選器

STEP 01 建立「交叉分析篩選器」。

❶ 打開檔案「CH3-12 建立交叉分析篩選器 01」之「樞紐分析表」工作表。

❷ 點擊工作列「樞紐分析表工具→選項」按鍵，並點擊「插入交叉分析篩選器」。

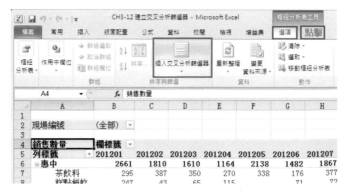

▲ 圖 80 為樞紐分析表插入交叉分析篩選器 -01

❸ 在彈出的「插入交叉分析篩選器」對話方塊中，勾選「現場編號」。

❹ 點擊「確定」。

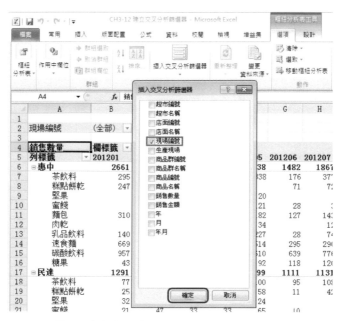

▲ 圖 81 為樞紐分析表插入交叉分析篩選器 -02

❺ 工作表中出現一個以「現場編號」命名的交叉分析篩選器對話方塊，可選項為「201」~「206」共六個現場，藍色背景色表示該項目被選中。

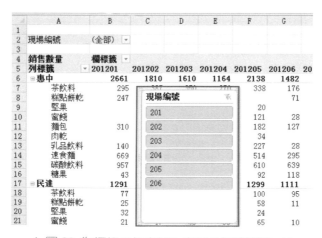

▲ 圖 82 為樞紐分析表插入交叉分析篩選器 -03

 結果詳見檔案「CH3-12 建立交叉分析篩選器 02」之「交叉分析篩選器 1」工作表。

❻「交叉分析篩選器」右上角的按鍵是「清除篩選」按鍵。

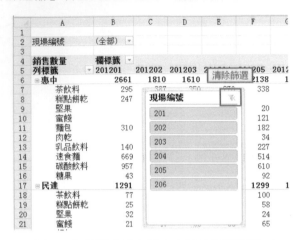

▲ 圖 83 為樞紐分析表插入交叉分析篩選器 -04

❼ 選中「交叉分析篩選器」，按下「Del」按鍵，可刪除「交叉分析篩選器」。

| STEP 02 | 選擇「交叉分析篩選器」中的選項。 |

❶ 打開檔案「CH3-12 建立交叉分析篩選器 02」之「交叉分析篩選器 1」工作表。

❷ 選中「交叉分析篩選器」中的「202」現場。

❸ 按住「Ctrl」按鍵的同時，選中「206」現場。

❹ 報表中僅顯示「202」現場和「206」現場的產品。

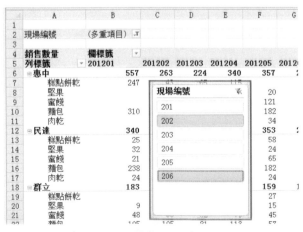

▲ 圖 84 為樞紐分析表插入交叉分析篩選器 -05

結果詳見檔案「CH3-12 建立交叉分析篩選器 03」之「交叉分析篩選器 2 工作表。

「交叉分析篩選器」具有「篩選項」的功能，但是「交叉分析篩選器」和報表「篩選項」的一個重要區別是，「交叉分析篩選器」把篩選結果全部呈現在頁面上，而「篩選項」只是在下拉選單中顯示篩選項目和結果，對工作表進行其他操作時，「篩選項」的選擇頁面被隱藏了，不會獨立顯示在工作表中。

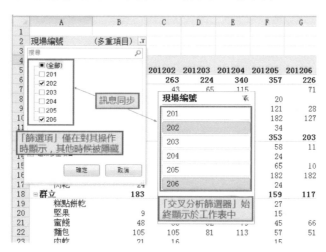

▲ 圖 85 為樞紐分析表插入交叉分析篩選器 -06

「交叉分析篩選器」和報表「篩選項」的另一個重要區別是，「交叉分析篩選器」可以同時對多個樞紐分析表操作，報表中的「篩選項」僅能對其所在的樞紐分析表操作。若要將「交叉分析篩選器」同時對多個樞紐分析表操作，步驟如下。

 ❶ 打開檔案「CH3-12 建立交叉分析篩選器 03」之「交叉分析篩選器 2」工作表。

❷ 選中「交叉分析篩選器」。

❸ 點擊工作列「交叉分析篩選器工具→選項」按鍵，並點擊「樞紐分析表連線」。

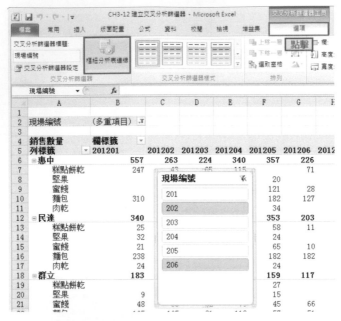

▲ 圖 86 為樞紐分析表插入交叉分析篩選器 -07

❹ 在彈出「樞紐分析表連線（現場編號）」的對話方塊中，勾選要建立關聯的 2 張樞紐分析表。

▲ 圖 87 為樞紐分析表插入交叉分析篩選器 -08

❺ 點擊「確定」。

 ❻ 之後每一次調整「交叉分析篩選器」，會同時反映在 2 張樞紐分析表中。

結果詳見檔案「CH3-12 建立交叉分析篩選器 04」。

3.9 實戰練習

1. 調整檔案「CH3-13 調整顯示方式」之「樞紐分析表」的數值顯示方式：

   （1）將小數點之後的位數設定為 1，且用千分位符號。

   （2）將報表中「平均值 - 銷售數量」改寫為「銷售數量」。

2. 檔案「CH3-14 調整歸類對象」之「資料表」是按照「超市名稱」歸類的：

   （1）請計算各商品群的銷售數量。

   （2）請按照「商品群名稱」歸類，計算各超市的銷售數量。

3. 以檔案「CH3-14 調整歸類對象」之「樞紐分析表」為基礎：

   （1）同時整理出商品群及商品的銷售金額。

   （2）分別統計各商品群在各超市的銷售狀況，以及各超市中各商品群的銷售狀況。

4. 以檔案「CH3-16 統計對象的主次區別」之「資料表」為基礎：

   （1）計算各超市的各商品群下各商品的銷售數量。

   （2）計算各商品群下各商品在各超市的銷售數量。

5. 以檔案「CH3-17 值摘要方式」之「樞紐分析表」為基礎：

   （1）計算各現場生產的各商品群的銷售店面金額。

   （2）計算各現場生產的各商品群的銷售超市金額。

   （3）計算各現場銷售金額的最小值。

6. 以檔案「CH3-18 設定區間值顯示」之「樞紐分析表」為基礎：

   以 1 為起點，50 為間距，統計各銷售數量區間內的店面數量。

7. 以檔案「CH3-19 建立群組」之「樞紐分析表」為基礎：

   將 2012 年上半年各月銷售數據建群組，將 2012 年下半年各月銷售數據建群組，2013 年上半年各月銷售數據建群組，形成半年度資料。

8. 以檔案「CH3-20 建立新的商品群」之「樞紐分析表」為基礎：

   增加分類「乾貨」，包括「方便食品」和「零食」。

4

樞紐分析表的匯總計算

項目的多樣統計，即「摘要值方式」，是統計數據的各儲存格按照「加總」、「項目個數」、「平均值」等指令獨立進行計算的。如果要對樞紐分析表中不同儲存格的統計數值進行比較等相關操作，EXCEL 也可以「一站式」完成。

註：「一站式」指的是在一個點 / 區域即可完成所有流程。

4.1 值的顯示方式

「值的顯示方式」功能主要包括如下幾種。

❖ 「無計算」：

預設的「值的顯示方式」，顯示各儲存格中原來的統計數值。

❖ 「總計百分比」：

顯示某一項數據占報表中所有數據加總值（行總計和列總計交匯處儲存格的數值）的百分比。

❖ 「欄總和百分比」：

顯示某一項數據占同欄數據總和的百分比。

❖ 「列總和百分比」：

顯示某一項數據占同列數據總和的百分比。

❖ 「百分比」：

顯示某一項數值占另一項數值的百分比。選擇該選項後，需進一步選擇「基本欄位」（比較對象）和「基本項目」（比較基礎），即顯示「基本欄位」中的各項占「基本項目」的百分比值。

❖ 「父項列總和百分比」：

顯示某一項數據占列上父項的百分比。

❖ 「父項欄總和百分比」：

顯示某一項資料占欄上父項的百分比。

❖ 「父項總和百分比」：

顯示某一項資料占另一項父項的百分比。選擇該項後，需進一步選擇「基本欄位」，即求解「某一項數據/「基本欄位」父項的值」。

❖ 「差異」：

顯示數據之間的差異。可以選擇固定與某一列或欄的數據進行對比或與上一個數據進行對比。選擇該選項後，需進一步選擇「基本欄位」和「基本項目」，即顯示與「基本欄位」中「基本項目」的差異值。

❖ 「差異百分比」：

顯示某一項數值減去另一項數值後所得的差占另一項數值的百分比，即增長率。選擇該選項後，需進一步選擇「基本欄位」和「基本項」，即顯示：（「基本欄位」-「基本項目」）/「基本項目」的值。

❖ 「計算加總至」：

對某一欄位進行累加，顯示累加後的數值。選擇該選項後，需進一步選擇「基本欄位」，將「基本欄位」中連續項目的值顯示為累加值。

❖ 「計算加總至百分比」：

對某一欄位進行累加，顯示某一項數據占累加值的百分比。選擇該選項後，需進一步選擇「基本欄位」，顯示某一項數據占「基本欄位」累加值的百分比。

❖ 「最小到最大排列」：

顯示選取的值在特定欄位中的順位，欄位中最小的項目列為 1，值愈大所指派的順位值則愈高。

❖ 「最大到最小排列」：

顯示選取的值在特定欄位中的順位，欄位中最大的項目列為 1，值愈小所指派的順位值則愈高。

❖「索引」：

計算資料的相對重要性。儲存格中顯示的指數值按以下方式：

「(儲存格的值 × 總計) / (行總計 × 列總計)」計算。

下面將針對「值的顯示方式」舉例說明。「值的顯示方式」中尤以「百分比」最為常用，而且，僅「百分比」一項，便有好多種運用方式。

「CH4-01 同比比較不同年度的銷售金額」之「資料表」工作表，內容包括了2012 年 1 月至 2013 年 6 月的數據。如果我們要比較 2012 年與 2013 年的銷售數據，可以在此資料表的基礎上，借助樞紐分析表的「值的顯示方式」功能實現。

 將 2013 年上半年各月各商品群的銷售金額與 2012 年上半年的數據進行百分比比較

STEP 01 建立 2012 年各月和 2013 年各月的銷售金額比較表。

❶ 打開檔案「CH4-01 同比比較不同年度的銷售金額 01」之「資料表」工作表。

❷ 選擇報表中任意存有資料的儲存格。

❸ 點擊工作列「插入」按鍵，並點擊「樞紐分析表→樞紐分析表」。

❹ 在彈出的「建立樞紐分析表」對話方塊中，確認「表格 / 範圍」為「資料表 !$A$1:$N$1206」。

❺ 點擊「確定」。

❻ 在產生的「工作表 1」中，按照「圖 4.1-1 各月各商品群銷售金額的同比百分比比較 -01」設定「設計區」。「列標籤」依次設定為「商品群名稱」、「年」，「欄標籤」設定為「月」，「∑ 值」設定為「加總 - 銷售金額」。

< Note >

同比：即與上一年同一個月份的數據進比比較，亦可稱「同期」。

▲ 圖 1 各月各商品群銷售金額的同比百分比比較 -01

❼ 點擊「∑ 值」下「加總 - 銷售金額」右側的下拉選單鍵，選擇「值欄位設定」。

❽ 在彈出的「值欄位設定」對話方塊中，點擊「數值格式」。

❾ 在彈出的「儲存格格式」對話方塊中，「類別」選擇「數值」，「小數位數」改寫為「0」，並勾選「使用千分位（,）符號」。

❿ 依次在兩個對話方塊中點擊「確定」。

⓫ 點擊工作列「樞紐分析表工具→設計」，並點擊「報表版面配置→以列表方式顯示」。

⓬ 點擊工作列「樞紐分析表工具→設計」，並點擊「小計→不要顯示小計」。

⓭ 點擊工作列「樞紐分析表工具→設計」，並點擊「總計→僅開啟欄」。

⓮ 得到 2012 年各月和 2013 年各月的銷售金額比較表。

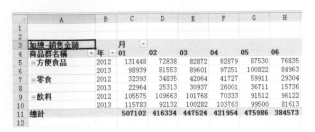

▲ 圖 2 各月各商品群銷售金額的同比百分比比較 -02

結果詳見檔案「CH4-01 同比比較不同年度的銷售金額 02」之「銷售金額比較表」工作表。

⑮ 將「工作表 1」拖移到「資料表」工作表之後。

⑯ 將「工作表 1」重新命名為「銷售金額比較表」。

STEP 02 用「百分比」比較 2012 年和 2013 年各月份的銷售數據。

❶ 在「銷售金額比較表」工作表中，點擊「設計區」中「∑ 值」下「加總 - 銷售金額」右側的下拉選單鍵，選擇「值欄位設定」。

❷ 在彈出的「值欄位設定」對話方塊中，點擊「值的顯示方式」。

❸「值的顯示方式」選擇「百分比」，「基本欄位」選擇為「年」，「基本項目」選擇為「2012」。

上述設定表示，「年」的數據為比較對象，「2012」的數據為比較基礎。由於資料表中僅包含 2012 年和 2013 年的數據，因此，「基本項目」選擇「2012」或是「(前一)」是一樣的結果。

▲ 圖 3 各月各商品群銷售金額的同比百分比比較 -03

❹ 報表中的各儲存格顯示為百分比數據，是各銷售金額的統計數據與 2012 年相對應月份數據的百分比比較。

其中，2012 年的所有數據都是 100%，因為是 2012 年各月份數據與自身比較。2013 年 7 月至 12 月數據為「#NULL!」，因為資料表中並沒有 2013 年 7 月至 12 月的數據。

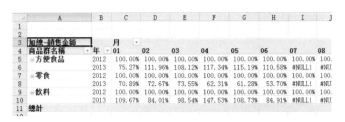

▲ 圖 4 各月各商品群銷售金額的同比百分比比較 -04

 結果詳見檔案「CH4-01 同比比較不同年度的銷售金額 02」之「百分比比較」工作表。

STEP 03 同時顯示百分比和具體數據。

❶ 在「百分比比較」工作表中，再次將「銷售金額」移至「∑ 值」區域，且放置在最上層。

❷ 確認自動增加的「∑ 值」位於「欄標籤」下，而非「列標籤」下。

❸ 報表中既有銷售金額的具體數值又有百分比顯示。

▲ 圖 5 各月各商品群銷售金額的同比百分比比較 -05

❹ 點擊「設計區」中「∑值」下第 2 個「加總 - 銷售金額」右側的下拉選單鍵，選擇「值欄位設定」。

❺ 在彈出的「值欄位設定」對話方塊中，將「自訂名稱」右側欄位改寫為「百分比」。

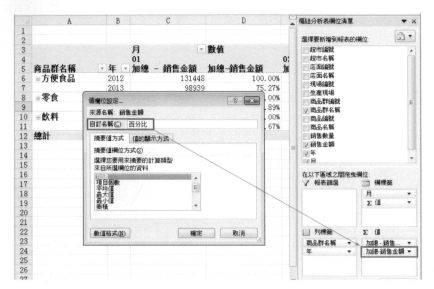

▲ 圖 6 各月各商品群銷售金額的同比百分比比較 -06

❻ 點擊「確定」。

❼ 點擊「設計區」中「∑值」下第 1 個「加總 - 銷售金額」右側的下拉選單鍵，選擇「值欄位設定」。

❽ 在彈出的「值欄位設定」對話方塊中，將「自訂名稱」右側欄位改寫為「銷售金額」。

▲ 圖 7 各月各商品群銷售金額的同比百分比比較 -07

⑨ 點擊「確定」。

⑩ 報表的欄標題如「圖8各月各商品群銷售金額的同比百分比比較 -08」所示。

▲ 圖 8 各月各商品群銷售金額的同比百分比比較 -08

 結果詳見檔案「CH4-01同比比較不同年度的銷售金額 02」之「金額與百分比比較」工作表。

至此便完成不同年度銷售金額的比較，可以用絕對數值顯示結果，也可以用相對數值顯示百分比。百分比比較的結果對於銷售策略調整有著重要意義。

「CH4-01 同比比較不同年度的銷售金額」進行的是「同比」比較，我們也可以進行「環比」比較或者與「固定月份」的比較，關鍵是在「值欄位設定」中進行合適的配置。

 目標 ▶ **將各月各商品群及各商品的銷售金額與上一個月的數據進行比較**

❶ 打開檔案「CH4-02 環比比較不同月份的銷售金額 01」之「資料表」工作表。

❷ 選擇報表中任意存有資料的儲存格。

❸ 點擊工作列「插入」按鍵，並點擊「樞紐分析表→樞紐分析表」。

❹ 在彈出的「建立樞紐分析表」對話方塊中，確認「表格 / 範圍」為「資料表 !$A$1:$O$804」。

❺ 點擊「確定」。

❻ 在產生的「工作表 1」中，按照「圖 9 各月各商品群銷售金額的環比百分比比較 -01」設定「設計區」。「列標籤」依次設定為「商品群名稱」、「年」，「欄標籤」設定為「月」，「∑ 值」設定為「加總 - 銷售金額」。

將「值的顯示方式」設定為：

▲ 圖 9 各月各商品群銷售金額的環比百分比比較 -01

❼ 點擊「∑值」下「加總－銷售金額」右側的下拉選單鍵，選擇「值欄位設定」。

❽ 在彈出的「值欄位設定」對話方塊中，點擊「數值格式」。

❾ 在彈出的「儲存格格式」對話方塊中，「類別」選擇「數值」，「小數位數」改寫為「0」，並勾選「使用千分位（,）符號」。

❿ 點擊「確定」。

⓫ 在「值欄位設定」對話方塊中，點擊「值的顯示方式」。

⓬ 在「值的顯示方式」中選擇「百分比」，在「基本欄位」選擇「年月」，表示以「年月」為對象進行「百分比」計算。在「基本項」中選擇「（前一）」，表示與前一個「年月」做百分比計算。

▲ 圖 10 各月各商品群銷售金額的環比百分比比較 -02

⓭ 點擊「確定」。

⓮ 報表顯示各商品群、各商品當月銷售金額占上一個月銷售金額的百分比。

201201 的比較數據為「100%」，是因為 201201 之前的月份沒有資料，無法比較，而 201201 又是 201202 的比較基礎，故預設設定為「100%」。

G10、G12、H10 儲存格的顯示結果為「#NULL!」，因為這些儲存格對應的年月和商品無銷售金額數據，進行百分比計算時自動顯示為「#NULL!」。

< Note >

環比：即同年度與上一個月的數據進行比較。

	A	B	C	D	E	F	G	H	
1									
2									
3	加總 – 銷售金額	欄標籤 ▾							
4	列標籤 ▾	201201	201202	201203	201204	201205	201206	201207	2
5	⊟方便食品	100.00%	55.41%	113.78%	100.01%	105.61%	87.78%	107.79%	
6	糕點餅乾	100.00%	29.92%	205.11%	110.68%	46.62%	115.59%	176.77%	
7	麵包	100.00%	58.55%	110.46%	91.49%	106.19%	86.01%	117.62%	
8	速食麵	100.00%	64.20%	96.95%	103.76%	133.93%	84.30%	84.57%	
9	⊟零食	100.00%	107.54%	120.75%	99.20%	143.58%	48.91%	76.35%	1
10	堅果	100.00%	123.38%	55.43%	46.81%	484.54%	#NULL!	#NULL!	
11	蜜餞	100.00%	211.19%	63.67%	315.96%	110.45%	35.67%	42.97%	
12	肉乾	100.00%	103.33%	54.61%	174.58%	159.73%	#NULL!		
13	糖果	100.00%	75.98%	211.70%	46.58%	158.51%	94.25%	83.29%	
14	⊟飲料	100.00%	103.87%	92.80%	69.11%	130.11%	105.04%	108.40%	
15	茶飲料	100.00%	106.22%	118.36%	83.76%	121.61%	46.42%	227.66%	
16	乳品飲料	100.00%	57.98%	91.19%	141.93%	130.06%	69.74%	88.85%	
17	碳酸飲料	100.00%	117.20%	86.81%	52.72%	134.63%	147.53%	94.29%	
18	總計	100.00%	80.67%	104.31%	85.99%	122.58%	84.64%	103.52%	
19									

▲ 圖 11 各月各商品群銷售金額的環比百分比比較 -03

結果詳見檔案「CH4-02 環比比較不同月份的銷售金額 02」之「樞紐分析表 - 與上一個月比較」工作表。

目標 將各月各商品群及各商品的銷售金額與固定月份的數據進行比較

❶ 打開檔案「CH4-02 環比比較不同月份的銷售金額 02」之「樞紐分析表 - 與上一個月比較」工作表。

❷ 點擊「設計區」中「∑ 值」下「加總 - 銷售金額」右側的下拉選單鍵,選擇「值欄位設定」。

❸ 在彈出的「值欄位設定」對話方塊中,點擊「值的顯示方式」。

❹「基本項目」選擇「201201」,表示固定與「201201」做百分比計算。

▲ 圖 12 各月各商品群銷售金額與固定月份的百分比比較 -01

❺ 點擊「確定」。

❻ 報表顯示各月各商品群或各商品的銷售金額與 2012 年 1 月的數據進行比較的結果。

加總 - 銷售金額	欄標籤 ▼							
列標籤 ▼	201201	201202	201203	201204	201205	201206	201207	2012
⊟方便食品	100.00%	55.41%	63.05%	63.05%	66.59%	58.45%	63.00%	60.
糕點餅乾	100.00%	29.92%	61.37%	67.93%	31.67%	36.61%	64.71%	66
麵包	100.00%	58.55%	64.67%	59.17%	62.83%	54.04%	63.56%	55
速食麵	100.00%	64.20%	62.24%	64.58%	86.49%	72.91%	61.66%	61
⊟零食	100.00%	107.54%	129.86%	128.81%	184.95%	90.46%	69.07%	112.
堅果	100.00%	123.38%	68.40%	32.02%	155.13%	#NULL!	#NULL!	184
蜜餞	100.00%	211.19%	134.47%	424.86%	469.28%	167.41%	71.93%	142
肉乾	100.00%	103.33%	56.43%	98.53%	157.37%	#NULL!	31.21%	42
糖果	100.00%	75.98%	160.86%	74.92%	118.76%	111.94%	105
⊟飲料	100.00%	103.87%	96.39%	66.62%	86.68%	91.05%	98.70%	46.
茶飲料	100.00%	106.22%	125.73%	105.32%	128.08%	59.45%	135.35%	42
乳品飲料	100.00%	57.98%	52.87%	75.04%	97.60%	68.07%	60.48%	45
碳酸飲料	100.00%	117.20%	101.74%	53.64%	72.21%	106.54%	100.46%	47
總計	100.00%	80.67%	84.15%	72.36%	88.69%	75.07%	77.72%	60.

▲ 圖 13 各月各商品群銷售金額與固定月份的百分比比較 -02

 結果詳見檔案「CH4-02 環比比較不同月份的銷售金額 02」之「樞紐分析表 - 與固定月份比較」工作表。

計算百分比時,上例以某個固定月份為比較基礎,進行時間軸的比較,我們也能夠以某個固定的「商品名稱」為比較基礎。

(目標) **將各年月的各商品的銷售金額與同年月麵包的銷售金額作百分比比較**

 ❶ 打開檔案「CH4-03 與固定的商品比較銷售金額 01」之「樞紐分析表 - 與固定月份比較」工作表。

❷ 點擊「設計區」中「∑ 值」下「加總 - 銷售金額」右側的下拉選單鍵,選擇「值欄位設定」。

❸ 在彈出的「值欄位設定」對話方塊中,點擊「值的顯示方式」。

❹「基本欄位」選擇「商品名稱」表示以「商品名稱」為對象進行「百分比」計算。「基本項目」選擇「麵包」,表示與「麵包」做百分比計算。

▲ 圖 14 各月各商品群銷售金額與同年月固定商品的百分比比較 -01

❺ 點擊「確定」。

❻ 報表顯示,「麵包」所屬的商品群「方便食品」下各商品均與「麵包」作了「百分比」比較,而其他商品群下的商品與「麵包」的比較結果都是「#N/A」。

這是因為,EXCEL 在進行「以固定對象為比較基礎」的「百分比」比較時,僅對同性質的數據做比較,本例中,同性質的數據即為商品群「方便食品」下的各商品。

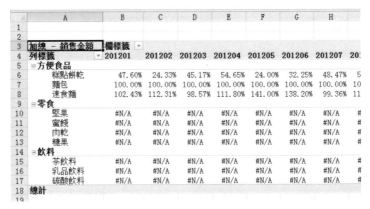

	A	B	C	D	E	F	G	H	
1									
2									
3	加總 – 銷售金額	欄標籤							
4	列標籤	201201	201202	201203	201204	201205	201206	201207	201
5	⊟ 方便食品								
6	糕點餅乾	47.60%	24.33%	45.17%	54.65%	24.00%	32.25%	48.47%	5
7	麵包	100.00%	100.00%	100.00%	100.00%	100.00%	100.00%	100.00%	10
8	速食麵	102.43%	112.31%	98.57%	111.80%	141.00%	138.20%	99.36%	11
9	⊟ 零食								
10	堅果	#N/A	#N/A	#N/A	#N/A	#N/A	#N/A	#N/A	#
11	蜜餞	#N/A	#N/A	#N/A	#N/A	#N/A	#N/A	#N/A	#
12	肉乾	#N/A	#N/A	#N/A	#N/A	#N/A	#N/A	#N/A	#
13	糖果	#N/A	#N/A	#N/A	#N/A	#N/A	#N/A	#N/A	#
14	⊟ 飲料								
15	茶飲料	#N/A	#N/A	#N/A	#N/A	#N/A	#N/A	#N/A	#
16	乳品飲料	#N/A	#N/A	#N/A	#N/A	#N/A	#N/A	#N/A	#
17	碳酸飲料	#N/A	#N/A	#N/A	#N/A	#N/A	#N/A	#N/A	#
18	總計								
19									

▲ 圖 15 各月各商品群銷售金額與同年月固定商品的百分比比較 -02

❼ 將「欄位區」中的「商品群名稱」拖移到「設計區」的「報表篩選」下。「列標籤」下的「商品群名稱」選項自動消除。

▲ 圖 16 各月各商品群銷售金額與同年月固定商品的百分比比較 -03

❽ 在報表區左上角的篩選項中，選擇「方便食品」。

▲ 圖 17 各月各商品群銷售金額與同年月固定商品的百分比比較 -04

❾ 點擊「確定」。

❿ 報表中僅保留商品群「方便食品」下的商品，原來的「#N/A」均被去除。

▲ 圖 18 各月各商品群銷售金額與同年月固定商品的百分比比較 -05

結果詳見檔案「CH4-03 與固定的商品比較銷售金額 02」之「樞紐分析表 - 與固定商品比較」工作表。

如果將上例中的比較對象由「商品」調整為「商品群」，統計結果是怎樣的呢？

 各月各商品群銷售金額與同年月商品群方便食品的百分比比較

❶ 打開檔案「CH4-04 與固定的商品群比較銷售金額 01」之「樞紐分析表 - 與固定商品比較」工作表。

❷ 在報表區左上角的篩選項中，選擇「全部」。

❸ 點擊「確定」。

❹ 將「設計區」中「報表篩選」下的「商品群名稱」移回到「列標籤」下的第 1 項。

❺ 點擊「∑ 值」下「加總 - 銷售金額」右側的下拉選單鍵，選擇「值欄位設定」。

❻ 在彈出的「值欄位設定」對話方塊中，點擊「值的顯示方式」。

❼「基本欄位」選擇「商品群名稱」，「基本項目」選擇「方便食品」。

▲ 圖 19 各月各商品群銷售金額與同年月固定商品群的百分比比較 -01

❽ 點擊「確定」。

❾ 報表所顯示的各商品群對應的列的數據，即為相對應商品群的銷售金額與商品群「方便食品」銷售金額的百分比比較。

▲ 圖 20　各月各商品群銷售金額與同年月固定商品群的百分比比較 -02

⑩ 移除「設計區」中「列標籤」下「商品名稱」,使得報表僅出現「商品群」相關資料。

　　由於「商品群」的等級高於「商品」,因此,以「商品群」為比較對象時,各「商品」列對應的數據均是無效數據。

⑪ 報表顯示結果如所示,即以「方便食品」的銷售金額為比較基礎,其他商品群與其進行百分比比較的結果。

▲ 圖 21　各月各商品群銷售金額與同年月固定商品群的百分比比較 -03

 結果詳見檔案「CH4-04 與固定的商品群比較銷售金額 02」之「樞紐分析表 - 與固定商品群比較」工作表。

除了用「百分比」算「同比」或者「環比」的比較資料，表現 2012 年和 2013 年各月份的銷售數據的差異之外，「值的顯示方式」中「差異」選項也是常用的。

 目標 將 2013 年上半年各月各商品群的銷售金額與 2012 年上半年的數據進行差異值比較

STEP 01 設定差異值比較。

❶ 打開檔案「CH4-05 差異值比較不同年度的銷售金額 01」之「銷售金額比較表」工作表。

❷ 「列標籤」依次設定為「商品群名稱」、「年」，「欄標籤」設定為「月」，「∑ 值」設定為「加總 - 銷售金額」。

▲ 圖 22 各月各商品群銷售金額的差異值比較 -01

❸ 點擊「設計區」中「∑ 值」下「加總 - 銷售金額」右側的下拉選單鍵，選擇「值欄位設定」。

❹ 在彈出的「值欄位設定」對話方塊中，點擊「值的顯示方式」。

❺ 「值的顯示方式」選擇「差異」，「基本欄位」選擇「年」，「基本項目」選擇「2012」。上述設定表示，「年」的數據為比較對象，「2012」的數據為比較基礎。

▲ 圖 23 各月各商品群銷售金額的差異值比較 -02

❻ 報表中的各儲存格顯示為差異數據，是各銷售金額的統計數據與 2012 年相對應月份數據的差異值比較。

其中，2012 年的所有數據都無內容，因為是 2012 年各月份數據與自身比較。而 2013 年 7 月至 12 月的數據顯示是錯誤的，因為資料表 2013 年 7 月至 12 月並沒有數據，故相對應儲存格以「0」減去「2012 年相對應月份數據」為計算結果。

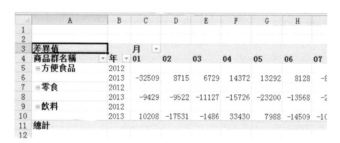

	A	B	C	D	E	F	G	H
1								
2								
3	差異值		月					
4	商品群名稱	年	01	02	03	04	05	06	07
5	⊟方便食品	2012							
6		2013	-32509	8715	6729	14372	13292	8128	-8
7	⊟零食	2012							
8		2013	-9429	-9522	-11127	-15726	-23200	-13568	-2
9	⊟飲料	2012							
10		2013	10208	-17531	-1486	33430	7988	-14509	-10
11	總計								
12									

▲ 圖 24 各月各商品群銷售金額的差異值比較 -03

 結果詳見檔案「CH4-05 差異值比較不同年度的銷售金額 02」之「差異值比較」工作表。

STEP 02 檢驗差異值比較。

❶ 將「欄位區」中的「銷售金額」再次移到「∑ 值」下的第 1 項。

❷ 點擊「∑ 值」下第 1 個「加總 - 銷售金額」右側的下拉選單鍵，選擇「值欄位設定」。

❸ 在彈出的「值欄位設定」對話方塊中，將「自訂名稱」改寫為「銷售金額」。

❹ 點擊「確定」。

❺ 點擊「∑值」下第 2 個「加總 - 銷售金額」右側的下拉選單鍵，選擇「值欄位設定」。

❻ 在彈出的「值欄位設定」對話方塊中，將「自訂名稱」改寫為「差異值」。

❼ 點擊「確定」。

❽ 計算 C7 儲存格與 C6 儲存格的差異值「98939」-「131448」=「-32509」，與 D7 儲存格差異值「-32509」一致。

❾ 對於其他「差異值」儲存格，可以用相同的方法檢驗。

▲ 圖 25 各月各商品群銷售金額的差異值比較 -04

 結果詳見檔案「CH4-05 差異值比較不同年度的銷售金額 02」之「差異值比較 - 檢驗」工作表。

百分比比較和差異值比較可以結合起來，「值的顯示方式」中「差異值百分比」即表現這個特點。

目標 將 2013 年上半年各月各商品群的銷售金額與 2012 年上半年的數據進行差異值百分比比較

❶ 打開檔案「CH4-06 差異百分比比較不同年度的銷售金額 01」之「銷售金額比較表」工作表。

❷「列標籤」依次設定為「商品群名稱」、「年」,「欄標籤」設定為「月」,「∑值」設定為「加總 - 銷售金額」。

	A	B	C	D	E	F	G	H	I
1									
2									
3	加總-銷售金額		月						
4	商品群名稱	年	01	02	03	04	05	06	07	08
5	⊟方便食品	2012	131,448	72,838	82,872	82,879	87,530	76,835	82,817	7
6		2013	98,939	81,553	89,601	97,251	100,822	84,963		
7	⊟零食	2012	32,393	34,533	42,064	41,727	59,911	29,304	22,373	3
8		2013	22,964	25,313	30,937	26,001	36,711	15,736		
9	⊟飲料	2012	105,575	109,663	101,768	70,333	91,512	96,122	104,200	4
10		2013	115,783	92,132	100,282	103,763	99,500	81,613		
11	總計		507,102	416,334	447,524	421,954	475,986	384,573	209,390	164
12									

▲ 圖 26 各月各商品群銷售金額的差異值百分比比較 -01

❸ 點擊「設計區」中「∑值」下「加總 - 銷售金額」的下拉選單鍵,選擇「值欄位設定」。

❹ 在彈出的「值欄位設定」對話方塊中,點擊「值的顯示方式」。

❺「值的顯示方式」選擇「差異百分比」,「基本欄位」選擇「年」,「基本項目」選擇「2012」。

上述設定表示,「年」的數據為比較對象,「2012」的數據為比較基礎。

▲ 圖 27 各月各商品群銷售金額的差異值百分比比較 -02

❻ 報表顯示為差異百分比數據，計算的是各銷售金額的統計數據與 2012 年相對應月份數據的差異值，占 2012 年相對應月份數據的百分比。

其中，2012 年的所有數據都是都無填寫內容，因為是 2012 年各月份數據與自身比較。而 2013 年 7 月至 12 月的數據顯示為「#NULL」，因為資料表 2013 年 7 月至 12 月並沒有數據。

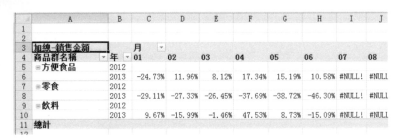

▲ 圖 28 各月各商品群銷售金額的差異值百分比比較 -03

 結果詳見檔案「CH4-06 差異百分比比較不同年度的銷售金額 02」之「差異百分比比較」工作表。

不同的「值的顯示方式」，應用範圍廣泛。為了分析哪類商品的銷售狀況最好，我們可以計算商品群銷售金額占總銷售金額百分比。

目標 **計算商品群銷售金額占總銷售金額百分比**

 ❶ 打開檔案「CH4-07 統計個體占總體的百分比 01」之「樞紐分析表」工作表。

❷ 該樞紐分析表顯示的是 2012 年各月各商品群的銷售金額。

	A	B	C	D	E	F	G	H
1								
2								
3	加總－銷售金額	欄標籤						
4	列標籤	201201	201202	201203	201204	201205	201206	201207
5	方便食品	131,448	72,838	82,872	82,879	87,530	76,835	82,
6	零食	32,393	34,835	42,064	41,727	59,911	29,304	22,
7	飲料	105,575	109,663	101,768	70,333	91,512	96,122	104,
8	總計	269,416	217,336	226,704	194,939	238,953	202,261	209,
9								
10								

▲ 圖 29 計算商品群銷售金額占總銷售金額百分比 -01

❸ 點擊「設計區」中「∑值」下「加總 - 銷售金額」右側的下拉選單鍵，選擇「值欄位設定」。

❹ 在彈出的「值欄位設定」對話方塊中，點擊「值的顯示方式」。

❺ 「值的顯示方式」選擇「欄總和百分比」。

▲ 圖 30 計算商品群銷售金額占總銷售金額百分比 -02

❻ 點擊「確定」。

❼ 報表如「圖 31 計算商品群銷售金額占總銷售金額百分比 -03」所示。「欄總和」項為「100%」，表示每一欄數據加總為 100%，而各商品群對應的數據為該商品群占當月銷售金額總和的百分比。

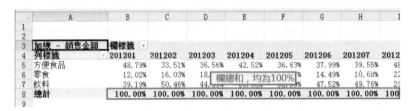

▲ 圖 31 計算商品群銷售金額占總銷售金額百分比 -03

❽ 將「欄位區」中的「超市民稱」移到「設計區」的「報表篩選」下。

❾ 在報表左上角的篩選項中選擇「惠中」。

❿ 報表顯示的數據為「惠中」超市銷售的各商品群的銷售金額占其總銷售金額的比例。

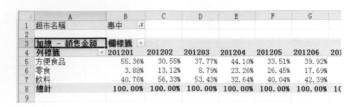

▲ 圖 32 計算商品群銷售金額占總銷售金額百分比 -04

 結果詳見檔案「CH4-07 統計個體占總體的百分比 02」之「樞紐分析表 - 更新 1」工作表。

上述幾例顯示的是各商品群的銷售金額占比比較，如果同時納入商品名稱，可以看到更加詳細的占比比較數據。

具體說來，之前幾例以全部商品群的銷售金額為 100% 進行占比分析，我們可以加入「商品名稱」並以單個商品群的銷售金額為 100% 進行占比分析，這便要用到「父項」的概念。

目標 以單個商品群銷售金額為 100% 的占比分析

❶ 打開檔案「CH4-07 統計個體占總體的百分比 02」之「樞紐分析表 - 更新 1」工作表。

❷ 將「欄位區」中的「商品名稱」拖移到「設計區」的「列標籤」下。

❸ 報表中各商品群下增加了對應商品的名稱。報表中的數據仍是以全部商品群的銷售金額為 100% 進行占比分析的。

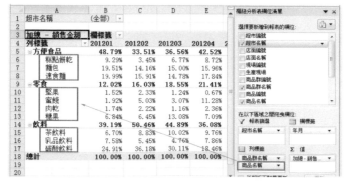

▲ 圖 33 以單個商品群銷售金額為 100% 的占比分析 -01

❹ 點擊「∑ 值」下「加總 - 銷售金額」右側的下拉選單鍵，選擇「值欄位設定」。

❺ 在彈出的「值欄位設定」對話方塊中，點擊「值的顯示方式」。

❻ 「值的顯示方式」選擇「父項總和百分比」，「基本欄位」選擇「商品群名稱」，表示以獨立「商品群名稱」的「銷售金額」為 100%。

▲ 圖 34 以單個商品群銷售金額為 100% 的占比分析 -02

❼ 點擊「確定」。

❽ 各「商品群」的總和均為 100%，表示以單個商品群為統計對象，單個商品群的銷售金額加總為 100%。

	A	B	C	D	E	F	G	
1	超市名稱	(全部)						
2								
3	加總 - 銷售金額	欄標籤		單個商品群的銷售金額總和為100%				
4	列標籤	201201	201202	201203	201204	201205	201206	20
5	⊟方便食品	100.00%	100.00%	100.00%	100.00%	100.00%	100.00%	1
6	糕點餅乾	19.04%	10.28%	18.53%	20.51%	9.06%	11.92%	
7	麵包	40.00%	42.26%	41.03%	37.53%	37.74%	36.98%	
8	速食麵	40.97%	47.46%	40.44%	41.96%	53.21%	51.10%	
9	⊟零食	100.00%	100.00%	100.00%	100.00%	100.00%	100.00%	1
10	堅果	12.66%	14.53%	6.67%	3.15%	10.62%	0.00%	
11	蜜餞	15.98%	31.38%	16.55%	52.70%	40.54%	29.57%	
12	肉乾	14.44%	13.88%	6.28%	11.05%	12.29%	0.00%	
13	糖果	56.92%	40.22%	70.51%	33.11%	36.55%	70.43%	
14	⊟飲料	100.00%	100.00%	100.00%	100.00%	100.00%	100.00%	1
15	茶飲料	17.11%	17.49%	22.31%	27.04%	25.28%	11.17%	
16	乳品飲料	19.34%	10.79%	10.61%	21.78%	21.77%	14.46%	
17	碳酸飲料	63.56%	71.71%	67.08%	51.17%	52.95%	74.37%	
18	總計							

▲ 圖 35 以單個商品群銷售金額為 100% 的占比分析 -03

 結果詳見檔案「CH4-07 統計個體占總體的百分比 03」之「樞紐分析表 - 更新 2」工作表。

上述兩例分別給出了以全部商品群的銷售金額為 100% 的占比分析，以及以單個商品群的銷售金額為 100% 的占比分析。進一步講，是否可以把上述兩種結果表現在同一張樞紐分析表中呢？

 同時分析商品銷售金額在商品群中的占比、商品群銷售金額在總銷售金額中的占比

❶ 打開檔案「CH4-07 統計個體占總體的百分比 03」之「樞紐分析表 - 更新 2」工作表。

❷ 點擊「設計區」中「∑ 值」下「加總 - 銷售金額」右側的下拉選單鍵，選擇「值欄位設定」。

❸ 在彈出的「值欄位設定」對話方塊中，點擊「值的顯示方式」。

❹「值的顯示方式」選擇「父項列總和百分比」。

▲ 圖 36 同時分析不同層級的占比 -01

❺ 點擊「確定」。

❻ 報表顯示結果如「圖 37 同時分析不同層級的占比 -02」所示。

其中，獨立的「商品群名稱」下各「商品名稱」的銷售金額總計為 100%，而各「商品群名稱」的銷售金額加總也為 100%。

	A	B	C	D	E	F	G	
1	超市名稱	(全部) ▾						
2								
3	加總 - 銷售金額	欄標籤 ▾						
4	列標籤 ▾	201201	201202	201203	201204	201205	201206	201
5	方便食品	48.79%	33.51%	36.56%	42.52%	36.63%	37.99%	
6	糕點餅乾	19.04%				9.06%	11.92%	
7	麵包	40.00%				37.74%	36.98%	
8	速食麵	40.97%				53.21%	51.10%	
9	零食	12.02%	16.03%	18.55%	21.41%	25.07%	14.49%	
10	堅果	12.66%	14.53%	6.67%	3.15%	10.62%	0.00%	
11	蜜餞	15.98%	31.38%	16.55%	52.70%	40.54%	29.57%	
12	肉乾	14.44%	13.88%	6.28%	11.05%	12.29%	0.00%	
13	糖果	56.92%	40.22%	70.51%	33.11%	36.55%	70.43%	
14	飲料	39.19%	50.46%	44.89%	36.08%	38.30%	47.52%	
15	茶飲料	17.11%	17.49%	22.31%	27.0			
16	乳品飲料	19.34%	10.79%	10.61%	21.7			
17	碳酸飲料	63.56%	71.71%	67.08%	51.1			
18	總計	100.00%	100.00%	100.00%	100.00%	100.00%	100	
19								

（圖中標註）獨立的「商品群名稱」下各「商品名稱」的銷售金額總計為100%

（圖中標註）各「商品群名稱」的銷售金額加總為100%

▲ 圖 37 同時分析不同層級的占比 -02

結果詳見檔案「CH4-07 統計個體占總體的百分比 04」之「樞紐分析表 - 更新 3」工作表。

4.2 計算欄位和項目

上一章節介紹了值的顯示方式，即各儲存格之間可以進行比較計算，比較計算的結果顯示在原有的儲存格中。如果我們希望保留原始數據，同時給出比較結果，則要在「設計區」的「∑值」下重複移入原始數據。事實上，EXCEL 的「計算欄位和項目」功能可以更好地實現這一目的。

「計算欄位和項目」的功能是在列和列之間插入新的列，並顯示計算所得到的資料。所謂的「計算」，可以設定為「加總」、「百分比」等各類計算方式。

在「CH4-08 同時顯示原始數據和比較數據」中，工作表「樞紐分析表 - 原始數據」給出的是各現場各月份商品的銷售金額，工作表「樞紐分析表 - 比較數據」給出的是各現場各月份商品的銷售金額與 2012 年同月的比較。

下例中，將在一張樞紐分析表中同時顯示「原始數據」和「比較數據」，這便要用到「計算欄位和項目」功能。插入百分比較列，比較 2011 年和 2012 年各月的銷售金額。

目標 新增百分比比較列，比較 2012 年和 2013 年各月各店面各商品的銷售金額

❶ 建立「2012」和「2013」的加總資料。

❷ 打開檔案「CH4-08 同時顯示原始數據和比較數據 01」之「資料表」工作表。

❸ 該「資料表」在 O 欄和 P 欄增加了「2012」和「2013」兩列，分別顯示店面在 2012 年或 2013 年的銷售金額，作為建立樞紐分析表的基礎數據。

O2 儲存格的公式為「=IF（M2="2012",L2,0）」，表示如果 M2 儲存格為字串「2012」，則 O2 儲存格中顯示 L2 儲存格的訊息，如果 M2 儲存格不是字串「2012」，則 O2 儲存格顯示「0」。O2 儲存格的公式複製到 O 欄其他儲存格中。

P2 儲存格的公式為「=IF（M2="2013",L2,0）」。P2 儲存格的公式複製到 P 欄其他儲存格中。

	H	I	J	K	L	M	N	O	P
1	商品群名稱	商品編號	商品名稱	銷售數量	銷售金額	年	月	2012	2013
2	飲料	302-01	碳酸飲料	286	12,008	2012	01	12,008	0
3	零食	303-01	糖果	43	5,573	2012	01	5,573	0
4	飲料	302-01	碳酸飲料	240	8,963	2012	01	8,963	0
5	飲料	302-02	茶飲料	118	4,098	2012	01	4,098	0
6	飲料	302-03	乳品飲料	67	2,189	2012	01	2,189	0
7	方便食品	301-01	速食麵	358	15,690	2012	01	15,690	0
8	方便食品	301-02	麵包	67	4,067	2012	01	4,067	0
9	方便食品	301-02	糕點餅乾					5,680	0
10	飲料	302-01	碳酸飲料					9,220	0
11	飲料	302-02	茶飲料	78	3,360	2012	01	3,360	0
12	飲料	302-03	乳品飲料	21	861	2012	01	861	0
13	方便食品	301-01	速食麵	56	2,814	2012	01	2,814	0
14	方便食品	301-02	麵包	40	3,918	2012	01	3,918	0
15	方便食品	301-03	糕點餅乾	15	1,690	2012	01	1,690	0
16	飲料	302-01	碳酸飲料	169	8,691	2012	01	8,691	0
17	飲料	302-03	茶飲料	34	1,298	2012	01	1,298	0

（圖中註記：2012年和2013年各店面各月份的商品銷售金額）

▲ 圖 38 新增列比較 2012 年和 2013 年各月各現場商品的銷售金額 -01

❹ 打開檔案「CH4-08 同時顯示原始數據和比較數據」之「樞紐分析表 - 原始數據」工作表。

❺ 該樞紐分析表是以「資料表」工作表中 A1~N1206 儲存格為資料表的。

❻ 複製「樞紐分析表 - 原始數據」工作表，並重新命名為「樞紐分析表」。

❼ 在「樞紐分析表」工作表中，點擊工作列「樞紐分析表工具→選項」按鍵，並點擊「變更資料表」。

▲ 圖 39 新增列比較 2012 年和 2013 年各月各現場商品的銷售金額 -02

❼ 在彈出的「變更樞紐分析表資料來源」對話方塊中,將「報表 / 範圍」由「資料來源 !\$A\$1:\$N\$1206」改寫為「資料來源 !\$A\$1:\$P\$1206」,即包括新增的 O 欄和 P 欄。

▲ 圖 40 新增列比較 2012 年和 2013 年各月各現場商品的銷售金額 -03

❽ 點擊「確定」。

❾「欄位區」中增加了「2012」和「2013」兩項。

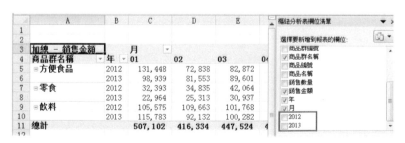

▲ 圖 41 新增列比較 2012 年和 2013 年各月各現場商品的銷售金額 -04

❿「設計區」中「列標籤」保留「商品群名稱」、刪除「年」,「欄標籤」保留「月」,「∑ 值」刪除「加總 - 銷售金額」、移入「2012」和「2013」。

⑪ 點擊「設計區」中「∑ 值」下「加總 -2012」右側的下拉選單鍵,選擇「值欄位設定」。

⑫ 在彈出的「值欄位設定」對話方塊中,點擊「數值格式」。

⑬ 在彈出的「儲存格格式」對話方塊中,「類別」選擇「數值」,「小數位數」改寫為「0」,並勾選「使用千分位 (,) 符號」。

⑭ 依次在兩個對話方塊中點擊「確定」。

⑮ 點擊「設計區」中「∑ 值」下「加總 -2013」右側的下拉選單鍵,選擇「值欄位設定」。

⑯ 在彈出的「值欄位設定」對話方塊中,點擊「數值格式」。

⑰ 在彈出的「儲存格格式」對話方塊中,「類別」選擇「數值」,「小數位數」改寫為「0」,並勾選「使用千分位 (,) 符號」。

⑱ 依次在兩個對話方塊中點擊「確定」。結果如「圖 42 新增列比較 2012 年和 2013 年各月各現場商品的銷售金額 -05」所示。

▲ 圖 42 新增列比較 2012 年和 2013 年各月各現場商品的銷售金額 -05

⑲ 將「設計區」中「欄標籤」下「∑值」移動到「列標籤」下,則「2012」和「2013」按列顯示。

▲ 圖 43 新增列比較 2012 年和 2013 年各月各現場商品的銷售金額 -06

⑳ 與「樞紐分析表 - 原始數據」工作表中「2012」和「2013」的顯示方式一致。

	A	B	C	D	E	F	G
1							
2							
3	加總 – 銷售金額		月				
4	商品群名稱	年	01	02	03	04	05	06
5	⊟ 方便食品	2012	131,448	72,838	82,872	82,879	87,530
6		2013	98,939	81,553	89,601	97,251	100,822
7	⊟ 零食	2012	32,393	34,835	42,064	41,727	59,911
8		2013	22,964	25,313	30,937	26,001	36,711
9	⊟ 飲料	2012	105,575	109,663	101,768	70,333	91,512
10		2013	115,783	92,132	100,282	103,763	99,500
11	總計		507,102	416,334	447,524	421,954	475,986	3
12							

按列顯示

▲ 圖 44 新增列比較 2012 年和 2013 年各月各現場商品的銷售金額 -07

㉑ 點擊工作列「樞紐分析表工具→設計」按鍵,並點擊「總計→關閉列與欄」。

	A	B	C	D	E	F	G	H
1			關閉「總計」項					
2								
3			月					
4	商品群名稱	數值	01	02	03	04	05	06	0
5	方便食品	加總 – 2012	131,448	72,838	82,872	82,879	87,530	76,835
6		加總 – 2013	98,939	81,553	89,601	97,251	100,822	84,963
7	零食	加總 – 2012	32,393	34,835	42,064	41,727	59,911	29,304
8		加總 – 2013	22,964	25,313	30,937	26,001	36,711	15,736
9	飲料	加總 – 2012	105,575	109,663	101,768	70,333	91,512	96,122
10		加總 – 2013	115,783	92,132	100,282	103,763	99,500	81,613
11								

▲ 圖 45 新增列比較 2012 年和 2013 年各月各現場商品的銷售金額 -08

STEP 02　新增百分比比較列。

❶ 點擊工作列「樞紐分析表工具→選項」按鍵，並點擊「欄位、項目和集→計算欄位」。

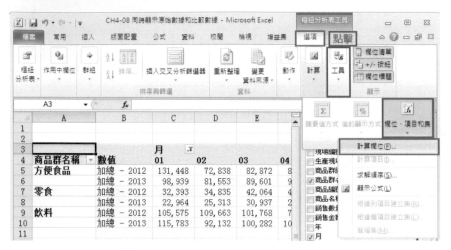

▲ 圖 46 新增列比較 2012 年和 2013 年各月各現場商品的銷售金額 -09

❷ 在彈出的「插入計算欄位」對話方塊中，刪除「公式」右側欄位中的「=0」。

❸ 點擊兩下「欄位」下的「2013」，則「公式」右側的欄位中顯示「='2013'」。

▲ 圖 47 新增列比較 2012 年和 2013 年各月各現場商品的銷售金額 -10

❹ 鍵入「/」。

❺ 點擊兩下「欄位」下的「2012」。

❻「公式」右側的欄位中顯示「='2013'/'2012'」。

▲ 圖 48 新增列比較 2012 年和 2013 年各月各現場商品的銷售金額 -11

❼ 將「公式」右側的欄位中的公式改寫為「=IF('2012'=0,0,'2013'/'2012')」，以防止 2012 年的資料為 0 時，計算得出 #N/A 的結果。

❽ 點擊「確認」。

❾ 報表新增「加總 - 欄位 1」的 3 列，顯示 2013 年數據占 2012 年同月數據的結果。由於預設的數值格式設定為整數形式，顯示的均為「1」或「0」。

		A	B	C	D	E	F	G	H	
3				月						
4	商品群名稱	數值	01	02	03	04	05	06	07
5	方便食品	加總 - 2012	131,448	72,838	82,872	82,879	87,530	76,835	8
6		加總 - 2013	98,939	81,553	89,601	97,251	100,822	84,963	
7		加總 - 欄位1	1	1	1	1	1	1	
8	零食	加總 - 2012	32,393	34,835	42,064	41,727	59,911	29,304	2
9		加總 - 2013	22,964	25,313	30,937	26,001	36,711	15,736	
10		加總 - 欄位1	1	1	1	1	1	1	
11	飲料	加總 - 2012	105,575	109,663	101,768	70,333	91,512	96,122	10
12		加總 - 2013	115,783	92,132	100,282	103,763	99,500	81,613	
13		加總 - 欄位1	1	1	1	1	1	1	

▲ 圖 49 新增列比較 2012 年和 2013 年各月各現場商品的銷售金額 -12

⑩ 點擊「設計區」中「∑值」下「加總 - 欄位 1」右側的下拉選單鍵，選擇「值欄位設定」。

⑪ 在彈出的「值欄位設定」對話方塊中，將「自訂名稱」改寫為「2013/2012」，表示「2013 占 2012 的百分比」。

▲ 圖 50 新增列比較 2012 年和 2013 年各月各現場商品的銷售金額 -13

⑫ 點擊「數值格式」。

⑬ 在彈出的「儲存格格式」對話方塊中，「數值」選擇「百分比」，「小數位數」選擇「2」。

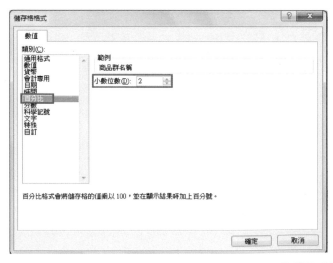

▲ 圖 51 新增列比較 2012 年和 2013 年各月各現場商品的銷售金額 -14

⓮ 依次在兩個對話方塊中點擊「確定」。

⓯ 報表的「2013/2012」列顯示出百分比比值。「欄位區」增加了「欄位1」一項，即「2013/2012」。

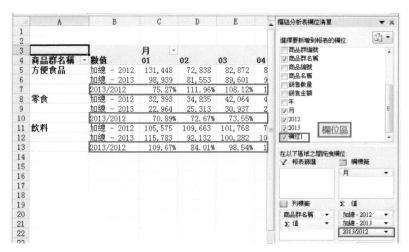

▲ 圖 52 新增列比較 2012 年和 2013 年各月各現場商品的銷售金額 -15

⓰ 點擊 C3 儲存格的下拉選單鍵，選擇「01」~「06」。

由於 2013 年度僅包括 1-6 月的訊息，因此比較對象是 2012 年和 2013 年的 1-6 月，透過篩選項挑選出「1~6 月」的訊息。

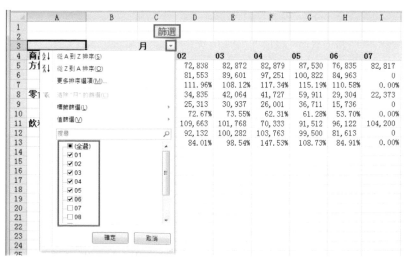

▲ 圖 53 新增列比較 2012 年和 2013 年各月各現場商品的銷售金額 -16

⑰ 點擊「確定」。

	A	B	C	D	E	F	G	H
1								
2								
3			月	.T				
4	商品群名稱 ▾	數值	01	02	03	04	05	06
5	方便食品	加總 – 2012	131,448	72,838	82,872	82,879	87,530	76,835
6		加總 – 2013	98,939	81,553	89,601	97,251	100,822	84,963
7		2013/2012	75.27%	111.96%	108.12%	117.34%	115.19%	110.58%
8	零食	加總 – 2012	32,393	34,835	42,064	41,727	59,911	29,304
9		加總 – 2013	22,964	25,313	30,937	26,001	36,711	15,736
10		2013/2012	70.89%	72.67%	73.55%	62.31%	61.28%	53.70%
11	飲料	加總 – 2012	105,575	109,663	101,768	70,333	91,512	96,122
12		加總 – 2013	115,783	92,132	100,282	103,763	99,500	81,613
13		2013/2012	109.67%	84.01%	98.54%	147.53%	108.73%	84.91%
14								

▲ 圖 54 新增列比較 2012 年和 2013 年各月各現場商品的銷售金額 -17

 結果詳見檔案「CH4-08 同時顯示原始數據和比較數據 02」之「樞紐分析表」工作表。

⑱ 打開「樞紐分析表 - 比較數據」工作表。

	A	B	C	D	E	F	G	H	
1									
2									
3	加總 – 銷售金額		月 ▾						
4	商品群名稱 ▾	年 ▾	01	02	03	04	05	06	07
5	⊟方便食品	2012	100.00%	100.00%	100.00%	100.00%	100.00%	100.00%	1
6		2013	75.27%	111.96%	108.12%	117.34%	115.19%	110.58%	#
7	⊟零食	2012	100.00%	100.00%	100.00%	100.00%	100.00%	100.00%	1
8		2013	70.89%	72.67%	73.55%	62.31%	61.28%	53.70%	#
9	⊟飲料	2012	100.00%	100.00%	100.00%	100.00%	100.00%	100.00%	1
10		2013	109.67%	84.01%	98.54%	147.53%	108.73%	84.91%	#
11	總計								
12									

▲ 圖 55 新增列比較 2012 年和 2013 年各月各現場商品的銷售金額 -16

⑲ 兩張工作表的比較結果是一致的,但「樞紐分析表」工作表比「樞紐分析表 - 比較數據」工作表多了獨立的 3 列,特別用於顯示比較結果。

4.3 匯總計算的活用

樞紐分析表的匯總計算用處頗多，本章節將透過舉例說明「匯總計算」功能的使用。

為了安排各超市店面的存貨數量，要測算各店面的銷量排名，簡單的方式是，統計各店面的銷售數量及其在總數中的占比。

 按店面銷售數量排序，並選出銷售數量占前 75% 的店面

STEP 01 按店面銷售數量排序。

❶ 打開檔案「CH4-09 店面銷售數量排名 01」之「樞紐分析表」工作表。

❷ 該樞紐分析表列出了各店面 2012 年的總銷售數量。

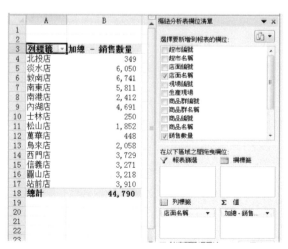

▲ 圖 56 按店面銷售數量排序並選出銷售數量占前 75% 的店面 -01

❸ 點擊「設計區」中「∑ 值」下的「銷售金額」右側的下拉選單鍵，選擇「值欄位設定」。

❹ 在彈出的「值欄位設定」對話方塊中，將「自訂名稱」改寫為「占比」。

❺ 點擊「值的顯示方式」。

❻ 「值顯示方式」選擇「總計百分比」。

▲ 圖 57 按店面銷售數量排序並選出銷售數量占前 75% 的店面 -02

❼ 點擊「確定」，報表顯示各店面的銷售數量在總銷售數量中的占比。

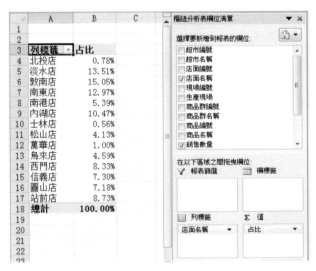

▲ 圖 58 按店面銷售數量排序並選出銷售數量占前 75% 的店面 -03

⑧ 將「欄位區」中的「銷售數量」移到「設計區」中「∑ 值」下的第 1 項。

⑨ 點擊「設計區」中「∑ 值」下「加總 - 銷售數量」右側的下拉選單鍵，選擇「值欄位設定」。

⑩ 在彈出的「值欄位設定」對話方塊中，「自訂名稱」改寫為「銷售數量」。

⑪ 點擊「確定」。

▲ 圖 59 按店面銷售數量排序並選出銷售數量占前 75% 的店面 -04

⑫ 將「欄位區」中的「銷售數量」再次移到「設計區」中「∑ 值」的最後一項。

▲ 圖 60 按店面銷售數量排序並選出銷售數量占前 75% 的店面 -05

⑬ 點擊「設計區」中「∑ 值」下「加總 - 銷售數量」右側的下拉選單鍵，選擇「值欄位設定」。

⑭ 在彈出的「值欄位設定」對話方塊中，將「自訂名稱」改寫為「累計銷售數量」。

⑮ 點擊「值的顯示方式」。

⑯ 「值的顯示方式」選擇「計算加總至」，「基本欄位」選擇「店面名稱」。

▲ 圖 61 按店面銷售數量排序並選出銷售數量占前 75% 的店面 -06

⑰ D 欄各儲存格，顯示了 B 欄隊應列儲存格的值，與 B 欄對應列儲存格之前各儲存格的值的累加結果。

▲ 圖 62 按店面銷售數量排序並選出銷售數量占前 75% 的店面 -07

⑱ 將「欄位區」中的「銷售數量」移至「設計區」的「∑值」下最後一項。

▲ 圖 63 按店面銷售數量排序並選出銷售數量占前 75% 的店面 -08

⑲ 點擊「設計區」的「∑值」下「加總 - 銷售金額」右側的下拉選單鍵，選擇「值欄位設定」。

⑳ 在彈出的「值欄位設定」對話方塊中，「自訂名稱」改寫為「累計占比」。

㉑ 點擊「值的顯示方式」。

㉒ 「值的顯示方式」修改為「計算加總至百分比」，「基本欄位」選擇「店面名稱」。

▲ 圖 64 按店面銷售數量排序並選出銷售數量占前 75% 的店面 -09

㉓ E 欄各儲存格顯示了 C 欄隊應列儲存格的值與 B 欄對應列儲存格之前各儲存格的值的累加結果。

▲ 圖 65 按店面銷售數量排序並選出銷售數量占前 75% 的店面 -10

STEP 02 選出銷售數量占前 75% 的店面。

❶ 選中 B 欄「銷售數量」下的任意儲存格。

❷ 點擊工作列「樞紐分析表工具→選項」按鍵，並點擊「排序」中的「Z 至 A」。

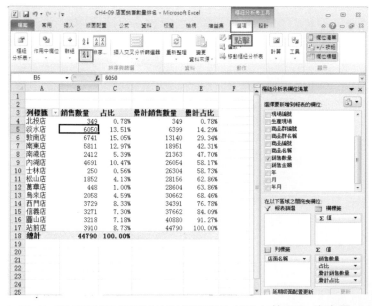

▲ 圖 66 按店面銷售數量排序並選出銷售數量占前 75% 的店面 -11

❸ 店面以「銷售數量」從高到低排序，信義店及以上的共 7 家店面，便是要統計的「所有店面中銷售數量占前 75% 的店面」。

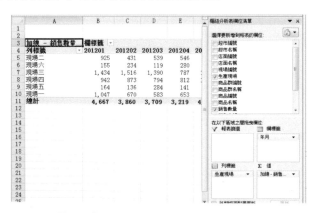

列標籤	銷售數量	占比	累計銷售數量	累計占比
敦南店	6741	15.05%	6741	15.05%
淡水店	6050	13.51%	12791	28.56%
南東店	5811	12.97%	18602	41.53%
內湖店	4691	10.47%	23293	52.00%
站前店	3910	8.73%	27203	60.73%
西門店	3729	8.33%	30932	69.06%
信義店	3271	7.30%	34203	76.36%
圓山店			7421	83.55%
南港店		銷售數量占前75%的門店	9833	88.93%
烏來店	2058	4.59%	41891	93.53%
松山店	1852	4.13%	43743	97.66%
萬華店	448	1.00%	44191	98.66%
北投店	349	0.78%	44540	99.44%
士林店	250	0.56%	44790	100.00%
總計	44790	100.00%		

▲ 圖 67 按店面銷售數量排序並選出銷售數量占前 75% 的店面 -12

結果詳見檔案「CH4-09 店面銷售數量排名 02」之「樞紐分析表 - 更新」工作表。

以數值排列的表格不易閱讀，若要直接看到各項目排名，也可直接透過樞紐分析表的「值欄位設定」來設定。

目標 對各現場每月的銷售數量排名

❶ 打開檔案「CH4-10 現場銷售數量排名 01」之「樞紐分析表」工作表。

❷ 該樞紐分析表統計了各現場各月的銷售數量。

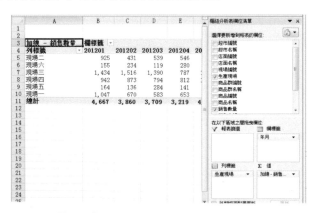

▲ 圖 68 對各現場每月的銷售數量排名 -01

❸ 將「欄位區」中的「銷售數量」再一次移到「設計區」中「∑值」下的最後一項。

❹ 點擊「設計區」中「∑值」下的第二個「加總 - 銷售數量」右側的下拉選單鍵，選擇「值欄位設定」。

❺ 在彈出的「值欄位設定」對話方塊中，「自訂名稱」改寫為「排名」。

❻ 點擊「值的顯示方式」。

❼ 「值的顯示方式」選擇「最大到最小排列」，「基本欄位」選擇「生產現場」。

▲ 圖 69 對各現場每月的銷售數量排名 -02

❽ 點擊「確定」。

❾ 確定「設計區」中「∑值」的位置，必須位於「欄標籤」下，而非「列標籤」下。

❿ 報表中，每個月都顯示了各現場的銷售數量和銷售數量的排名。「1」代表當月銷售數量最大的現場，「6」代表當月銷售數量最低的現場。

▲ 圖 70 對各現場每月的銷售數量排名 -03

 結果詳見檔案「CH4-10 現場銷售數量排名 02」之「樞紐分析表 - 更新」工作表。

4.4 利用樞紐分析表填寫報表

用 EXCEL 整理數據資料是工作中常用的。數據的整理可以透過人工的方式，也可以由樞紐分析表協助完成。例如，請樞紐分析表在相同資料表的情況下整理成不同格式的報表等。本章節將舉實例說明。

對於商品的銷售，通常會在年初做出銷售計劃，並在年末檢驗實現的程度。銷售計劃的制定，可以依據新一年度的銷售總目標以及上一年度各月的銷售情況推估。銷售實現情況應據實填寫，由銷售計劃和銷售實現情況，可以計算銷售計劃的完成率。同時，可以把銷售實現情況與上一年同期數據進行比較，得出成長率。

目標 填寫銷售計劃及實現表

❶ 建立 2013 年各月銷售金額預估值的各月銷售金額拆分基礎。

 ❷ 打開檔案「CH4-11 銷售計劃與實現 01」之「銷售計劃與實現 - 原始」工作表。

❸ 該報表提供了「2013 年各商品群銷售總額預估」,以及「2013 年各月各商品群銷售計劃與實現」。

該報表中,空白儲存格是需要填寫的,「完成率」和「成長率」是預設公式的。

例如,「完成率」的 D8 儲存格,公式為「=IF(C8=0,0,C8/B8)」,即「實際」銷售金額為「0」時,完成率顯示「0」,否則「完成率 = 實際 / 預估」。

又如,「成長率」的 F8 儲存格,公式為「=IF(E8=0,"N/A",(C8-E8)/E8)」,即「上一年同期」銷售金額為「0」時,成長率顯示「N/A」,否則「成長率 =(實際 - 上一年同期)/ 上一年同期」。

	A	B	C	D	E	F	G	H	I	J
1	2013年各商品群銷售總額預估									
2	商品群	方便食品	飲料	零食	總計					
3	銷售總額	1,300,000	1,400,000	600,000	3,300,000					
4										
5								2013年各月各商品群銷售計劃與實現		
6	商品群			方便食品					飲料	
7	月份	預估	實際	完成率	上一年同期	成長率	預估	實際	完成率	上一年同
8	201301			0.0%		N/A			0.0%	
9	201302			0.0%		N/A			0.0%	
10	201303			0.0%		N/A			0.0%	
11	201304			0.0%		N/A			0.0%	
12	201305			0.0%		N/A			0.0%	
13	201306			0.0%		N/A			0.0%	
14	201307			0.0%		N/A			0.0%	
15	201308			0.0%		N/A			0.0%	
16	201309			0.0%		N/A			0.0%	
17	201310			0.0%		N/A			0.0%	
18	201311			0.0%		N/A			0.0%	
19	201312			0.0%		N/A			0.0%	
20	合計			0.0%		N/A			0.0%	
21										

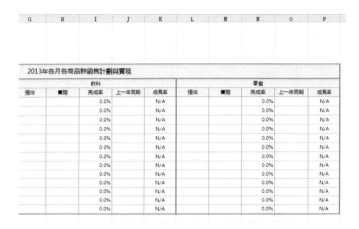

▲ 圖 71 填寫銷售計劃及實現表 -01

❹ 打開檔案「CH4-11 銷售計劃與實現 01」之「資料表」工作表。

❺ 選擇報表中任意存有資料的儲存格。

❻ 點擊工作列「插入」按鍵，並點擊「樞紐分析表→樞紐分析表」。

❼ 在彈出的「建立樞紐分析表」對話方塊中，確認「表格/範圍」為「資料表!$A$1:$O$1206」。

❽ 點擊「確定」。

❾ 在產生的「工作表 1」中，按照「圖 72 寫銷售計劃及實現表 -02」設定「設計區」。

▲ 圖 72 填寫銷售計劃及實現表 -02

⑩ 點擊「設計區」中「∑值」下「加總 - 銷售金額」右側的下拉選單鍵，選擇「值欄位設定」。

⑪ 在彈出的「值欄位設定」對話方塊中，「自訂名稱」改寫為「占比」。

⑫ 點擊「值顯示方式」。

⑬「值顯示方式」選擇「欄總和百分比」。

▲ 圖 73 填寫銷售計劃及實現表 -03

⑭ 點擊「確定」。

⑮ 點擊 A4 儲存格「列標籤」的下拉選單鍵，選擇「201201~201212」的資料。

▲ 圖 74 填寫銷售計劃及實現表 -04

⑯ 點擊「確定」。

⑰ 點擊「樞紐分析表工具→設計」按鍵，並點擊「總計→僅開啟欄」。

⑱ 將「工作表 1」重新命名為「2013 年預估」。「2013 年預估」工作表是計算 2013 年各月銷售金額預估值的各月銷售金額拆分基礎。

占比	欄標籤		
列標籤	方便食品	零食	飲料
201201	12.41%	7.08%	9.43%
201202	6.88%	7.62%	9.79%
201203	7.82%	9.20%	9.09%
201204	7.82%	9.13%	6.28%
201205	8.26%	13.10%	8.17%
201206	7.25%	6.41%	8.59%
201207	7.82%	4.89%	9.31%
201208	7.46%	7.95%	4.35%
201209	8.70%	10.22%	9.81%
201210	7.02%	8.77%	7.20%
201211	9.18%	9.48%	8.81%
201212	9.37%	6.14%	9.18%
總計	100.00%	100.00%	100.00%

▲ 圖 75 填寫銷售計劃及實現表 -05

STEP 02 計算 2013 年各月各商品群的預估銷售金額。

❶ 將「銷售計劃與實現」工作表中「2013 年各商品群銷售總額預估」報表複製到「2013 年預估」工作表的 F2~J4 儲存格。

2013年各商品群銷售總額預估				
商品群	方便食品	飲料	零食	總計
銷售總額	1,300,000	1,400,000	600,000	3,300,000

複製2013年各商品群銷售總額預估表

▲ 圖 76 填寫銷售計劃及實現表 -06

❷ 在 F5~F16 儲存格中鍵入「201301~201312」，便於後續填表時與樞紐分析表中的年月對應。

2013年各商品群銷售總額預估			
商品群	方便食品	飲料	零食	總計
銷售總額	1,300,000	1,400,000	600,000	3,300,000
201301			
201302			
201303			
201304			
201305			
201306			
201307			
201308			
201309			
201310			
201311			
201312			

▲ 圖 77 填寫銷售計劃及實現表 -07

❸ 在 G5 儲存格中鍵入「=B5*G4」。

注意，公式中的「B5」要自行輸入，不要透過點擊 B5 儲存格進行選擇，否則公式會因為記錄樞紐分析表的數據來源而特別冗長。

❹ 按下 F4 鍵。

▲ 圖 78 填寫銷售計劃及實現表 -08

❺ 按下「Enter」按鍵。G5 儲存格的數據即為方便食品在 2013 年 1 月的銷售金額預估值。

❻ 複製 G5 儲存格。

❼ 選中 G6~G16 儲存格。

❽ 右鍵點擊滑鼠，選擇「僅貼上公式」。

▲ 圖 79 填寫銷售計劃及實現表 -09

❾ G6~G16 儲存格的數據設定完成。

2013年各商品群銷售總額預估			
商品群	方便食品	飲料	零食	總計
銷售總額	1,300,000	1,400,000	600,000	3,300,000
201301	161,312			
201302	89,386			
201303	101,700			
201304	101,708			
201305	107,416			
201306	94,291			
201307	101,632			
201308	96,938			
201309	113,120			
201310	91,252			
201311	119,378			
201312	121,866			

▲ 圖 80 填寫銷售計劃及實現表 -10

⑩ H5~I17 儲存格，採用類似 G 欄的方法計算。

⑪ 在 J4 儲存格中鍵入「=SUM（G4:I4）」，為 G4~I4 儲存格的加總。

⑫ 將 J4 儲存格的公式複製到 J5~J16 儲存格中。

占比	欄標籤 ▼					2013年各商品群銷售總額預估			
列標籤 ▼	方便食品	零食	飲料		商品群	方便食品	飲料	零食	總計
					銷售總額	1,300,000	1,400,000	600,000	3,300,000
201201	12.41%	7.08%	9.43%		201301	161,312	99,187	56,577	317,076
201202	6.88%	7.62%	9.79%		201302	89,386	106,664	58,768	254,819
201203	7.82%	9.20%	9.09%		201303	101,700	128,799	54,537	285,036
201204	7.82%	9.13%	6.28%		201304	101,708	127,767	37,691	267,167
201205	8.26%	13.10%	8.17%		201305	107,416	183,446	49,041	339,904
201206	7.25%	6.41%	8.59%		201306	94,291	89,728	51,512	235,531
201207	7.82%	4.89%	9.31%		201307	101,632	68,506	55,841	225,979
201208	7.46%	7.95%	4.35%		201308	96,938	111,291	26,086	234,315
201209	8.70%	10.22%	9.81%		201309	113,120	143,145	58,855	315,120
201210	7.02%	8.77%	7.20%		201310	91,252	122,773	43,181	257,206
201211	9.18%	9.48%	8.81%		201311	119,378	132,719	52,850	304,946
201212	9.37%	6.14%	9.18%		201312	121,866	85,974	55,060	262,901
總計	100.00%	100.00%	100.00%						

▲ 圖 81 填寫銷售計劃及實現表 -11

結果詳見檔案「CH4-11 銷售計劃與實現 02」之「2013 年預估」工作表。

⑬ 在「銷售計劃與實現」工作表的 B8 儲存格中鍵入「=」。

⑭ 點擊「2013 年預估值」工作表的 G5 儲存格。

⑮ 按下「Enter」按鍵。

⑯「銷售計劃與實現」工作表的 B8 儲存格導入「2013 年預估值」工作表 G5 儲存格的訊息。

B8	▼	fx	=2013年預估!G5		
2013年各商品群銷售總額預估					
商品群	方便食品	飲料	零食	總計	
銷售總額	1,300,000	1,400,000	600,000	3,300,000	
商品群			方便食品		
月份	預估	實際	完成率	上一年同期	成長率
201301	161,312		0.0%		N/A
201302			0.0%		N/A
201303			0.0%		N/A
201304			0.0%		N/A
201305			0.0%		N/A
201306			0.0%		N/A
201307			0.0%		N/A
201308			0.0%		N/A

▲ 圖 82 填寫銷售計劃及實現表 -12

⑰ 將 B8 儲存格的公式複製到 B9~B19 儲存格。

⑱ 在 B20 儲存格中鍵入「=SUM（B8:B19）」。

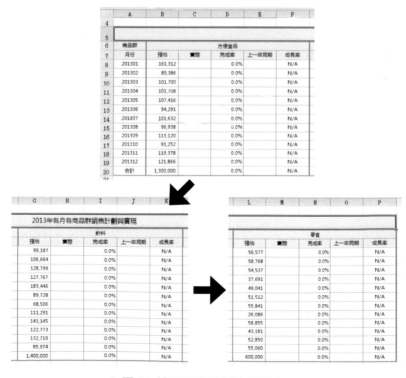

▲ 圖 83 填寫銷售計劃及實現表 -13

⑲ 對於 E 欄和 H 欄也做同樣的操作。則各商品群的 2013 年預估值填寫完成。

▲ 圖 84 填寫銷售計劃及實現表 -14

STEP 03 統計 2013 年已發生的各月的實際銷售金額。

❶ 複製「2013 年預估」工作表到新的工作表，並將新的工作表重新命名為「2013 年實際」。

❷ 刪除 F 欄 ~J 欄。

❸ 點擊 A4「列標籤」的下拉選單鍵，選擇「201301~201306」。

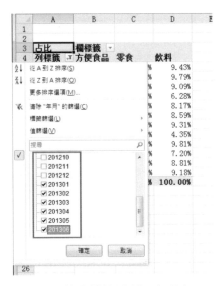

▲ 圖 85 填寫銷售計劃及實現表 -15

❹ 點擊「確定」。

❺ 點擊「設計區」中「∑ 值」下「占比」右側的下拉選單鍵，選擇「值欄位設定」。

❻ 在彈出的「值欄位設定」對話方塊中，「自訂名稱」改寫為「銷售金額」。

❼ 點擊「值顯示方式」。

❽「值顯示方式」選擇「無計算」。

❾ 點擊「數值格式」。

❿ 在彈出的「儲存格格式」對話方塊中，「類別」選擇「數值」，「小數位數」改寫為「0」，並勾選「使用千分位（,）符號」。

⓫ 依次在兩個對話方塊中點擊「確定」。

⑫ 報表顯示的是 2013 年 1 月 ~6 月的實際銷售金額。

	A	B	C	D
1				
2				
3	銷售金額	欄標籤 ▼		
4	列標籤 ▼	方便食品	零食	飲料
5	201301	98,939	22,964	115,783
6	201302	81,553	25,313	92,132
7	201303	89,601	30,937	100,282
8	201304	97,251	26,001	103,763
9	201305	100,822	36,711	99,500
10	201306	84,963	15,736	81,613
11	總計	553,129	157,662	593,073
12				

▲ 圖 86 填寫銷售計劃及實現表 -16

結果詳見檔案「CH4-11 銷售計劃與實現 02」之「2013 年實際」工作表。

⑬ 在「銷售計劃與實現」工作表的 C8 儲存格中鍵入「='2013 年實際 '!B5」。
2013 年 1 月「方便食品」的實際銷售金額導入「銷售計劃與實現」工作表中。

⑭ 將 C8 儲存格的公式複製到 C9~C13 儲存格。

⑮ 在「銷售計劃與實現」工作表的 H8 儲存格中鍵入「='2013 年實際 '!C5」。

⑯ 將 H8 儲存格的公式複製到 H9~H13 儲存格。

⑰ 在「銷售計劃與實現」工作表的 M8 儲存格中鍵入「='2013 年實際 '!D5」。

⑱ 將 M8 儲存格的公式複製到 M9~M13 儲存格。

⑲「銷售計劃與實現」工作表中，D 欄、I 欄和 N 欄的「完成率」自動計算
完成。

	A	B	C	D	E	F
1		2013年各商品群銷售總額預估				
2	商品群	方便食品	飲料	零食	總計	
3	銷售總額	1,300,000	1,400,000	600,000	3,300,000	
4						
5						
6	商品群			方便食品		
7	月份	預估	實際	完成率	上一年同期	成長率
8	201301	161,312	98,939	61.3%		N/A
9	201302	89,386	81,553	91.2%		N/A
10	201303	101,700	89,601	88.1%		N/A
11	201304	101,708	97,251	95.6%		N/A
12	201305	107,416	100,822	93.9%		N/A
13	201306	94,291	84,963	90.1%		N/A
14	201307	101,632		0.0%		N/A
15	201308	96,938		0.0%		N/A
16	201309	113,120		0.0%		N/A
17	201310	91,252		0.0%		N/A
18	201311	119,378		0.0%		N/A
19	201312	121,866		0.0%		N/A
20	合計	1,300,000		0.0%		N/A
21						

接左圖

2013年各月各商品群銷售計劃與實現				
飲料				
預估	實際	完成率	上一年同期	成長率
99,187	22,964	23.2%		N/A
106,664	25,313	23.7%		N/A
128,799	30,937	24.0%		N/A
127,767	26,001	20.4%		N/A
183,446	36,711	20.0%		N/A
89,728	15,736	17.5%		N/A
68,506		0.0%		N/A
111,291		0.0%		N/A
143,145		0.0%		N/A
122,773		0.0%		N/A
132,719		0.0%		N/A
85,974		0.0%		N/A
1,400,000		0.0%		N/A

零食				
預估	實際	完成率	上一年同期	成長率
56,577	115,783	204.6%		N/A
58,768	92,132	156.8%		N/A
54,537	100,282	183.9%		N/A
37,691	103,763	275.3%		N/A
49,041	99,500	202.9%		N/A
51,512	81,613	158.4%		N/A
55,841		0.0%		N/A
26,086		0.0%		N/A
58,855		0.0%		N/A
43,181		0.0%		N/A
52,850		0.0%		N/A
55,060		0.0%		N/A
600,000		0.0%		N/A

▲ 圖 87 填寫銷售計劃及實現表 -17

STEP 04 在「銷售計劃與實現」工作表中導入「上一年同期」數據。

❶ 複製「2013 年實際」工作表到新的工作表，並將新的工作表重新命名為「2012 年實際」。

❷ 在「2012 年實際」工作表中，點擊 A4 儲存格「列標籤」的下拉選單鍵，選擇「201201~201206」。

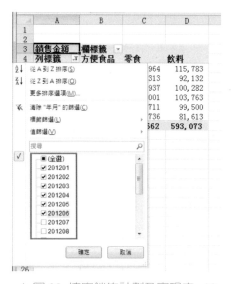

▲ 圖 88 填寫銷售計劃及實現表 -18

❸ 點擊「確定」。報表顯示 2012 年 1 月至 6 月的各商品群的銷售金額。

	A	B	C	D	E
1					
2					
3	銷售金額	欄標籤 ▾			
4	列標籤 ▾	方便食品	零食	飲料	
5	201201	131,448	32,393	105,575	
6	201202	72,838	34,835	109,663	
7	201203	82,872	42,064	101,768	
8	201204	82,879	41,727	70,333	
9	201205	87,530	59,911	91,512	
10	201206	76,835	29,304	96,122	
11	總計	534,402	240,234	574,973	
12					

▲ 圖 89 填寫銷售計劃及實現表 -19

❹ 在「銷售計劃與實現」工作表中，E8 儲存格中鍵入「='2012 年實際 '!
B5」，2012 年 1 月「方便食品」的實際銷售金額導入「銷售計劃與實現」
工作表中。

❺ 將 E8 儲存格的公式複製到 E9~E13 儲存格。

❻ 在 J8 儲存格中鍵入「='2012 年實際 '!C5」。

❼ 將 J8 儲存格的公式複製到 J9~J13 儲存格。

❽ 在 O8 儲存格中鍵入「='2012 年實際 '!D5」。

❾ 將 O8 儲存格的公式複製到 O9~O13 儲存格。

❿「銷售計劃與實現」工作表中，F 欄、K 欄和 P 欄的「成長率」自動計算
完成。

	A	B	C	D	E	F
1		2013年各商品群銷售總額預估				
2	商品群	方便食品	飲料	零食	總計	
3	銷售總額	1,300,000	1,400,000	600,000	3,300,000	
4						
5						
6	商品群			方便食品		
7	月份	預估	實際	完成率	上一年同期	成長率
8	201301	161,312	98,939	61.3%	131,448	-24.7%
9	201302	89,386	81,553	91.2%	72,838	12.0%
10	201303	101,700	89,601	88.1%	82,872	8.1%
11	201304	101,708	97,251	95.6%	82,879	17.3%
12	201305	107,416	100,822	93.9%	87,530	15.2%
13	201306	94,291	84,963	90.1%	76,835	10.6%
14	201307	101,632		0.0%		N/A
15	201308	96,938		0.0%		N/A
16	201309	113,120		0.0%		N/A
17	201310	91,252		0.0%		N/A
18	201311	119,378		0.0%		N/A
19	201312	121,866		0.0%		N/A
20	合計	1,300,000		0.0%		N/A
21						

接左圖

2013年各月各商品群銷售計劃與實現				
飲料				
預估	實際	完成率	上一年同期	成長率
99,187	22,964	23.2%	32,393	-29.1%
106,664	25,313	23.7%	34,835	-27.3%
128,799	30,937	24.0%	42,064	-26.5%
127,767	26,001	20.4%	41,727	-37.7%
183,446	36,711	20.0%	59,911	-38.7%
89,728	15,736	17.5%	29,304	-46.3%
68,506		0.0%		N/A
111,291		0.0%		N/A
143,145		0.0%		N/A
122,773		0.0%		N/A
132,719		0.0%		N/A
85,974		0.0%		N/A
1,400,000		0.0%		N/A

零食				
預估	實際	完成率	上一年同期	成長率
56,577	115,783	204.6%	105,575	9.7%
58,768	92,132	156.8%	109,663	-16.0%
54,537	100,282	183.9%	101,768	-1.5%
37,691	103,763	275.3%	70,333	47.5%
49,041	99,500	202.9%	91,512	8.7%
51,512	81,613	158.4%	96,122	-15.1%
55,841		0.0%		N/A
26,086		0.0%		N/A
58,855		0.0%		N/A
43,181		0.0%		N/A
52,850		0.0%		N/A
55,060		0.0%		N/A
600,000		0.0%		N/A

▲ 圖 90 填寫銷售計劃及實現表 -20

 結果詳見檔案「CH4-11 銷售計劃與實現 02」之「銷售計劃與實現」工作表。

登記各超市各月各商品群的銷售業績時，我們會設計類似「圖 91 超市各月各商品群的銷售業績登記表」的報表。報表中，已預設部分公式，便於我們在找到單個商品的資料後自動計算小計值，並對各月數據作合計計算。

	A	B	C	D	E	F	G	H	
1							2012年超市銷售登記表		
2	超市名稱	商品名稱	201201	201202	201203	201204	201205	201206	201207
3	車中	速食麵							
4		麵包							
5		糕點餅乾							
6		碳酸飲料							
7		茶飲料							
8		乳品飲料							
9		糖果							
10		蜜餞							
11		堅果							
12		肉乾							
13		小計	0	0	0	0	0	0	0
14	民達	速食麵							
15		麵包							
16		糕點餅乾							
17		碳酸飲料							
18		茶飲料							
19		乳品飲料							
20		糖果							
21		蜜餞							
22		堅果							
23		肉乾							
24		小計	0	0	0	0	0	0	0
25	群立	速食麵							
26		麵包							
27		糕點餅乾							

▲ 圖 91 超市各月各商品群的銷售業績登記表

結果詳見檔案「CH4-12 超市銷售登記 01」之「超市銷售登記表 - 原始銷售計劃與實現」工作表。

報表的「列標題」和「欄標題」的組合對應到各超市各商品各月的銷售金額。之前我們利用 VLOOKUP 函數對某個關聯欄進行操作，把相對應的訊息直接對應到某個儲存格中。而上述報表中，「列標題」和「欄標題」的組合涉及到 3 個欄位的訊息，分別是「超市名稱」、「商品名稱」、「年月」，是否也可以利用 VLOOKUP 函數對多個關聯欄進行操作呢？是的，我們可以將要取得的訊息對應到多個儲存格。這種情況下，要先增加一欄包含各目標搜索條件的訊息，作為訊息搜索的關鍵欄。

目標 建立關鍵欄，填寫超市銷售登記表

STEP 01 建立關鍵欄。

❶ 打開檔案「CH4-12 超市銷售登記 01」之「資料表」工作表。

❷ 在 A 欄之前插入空白欄。

❸ 在 A1 儲存格中鍵入「關鍵欄」，用於存放「超市名稱」、「商品名稱」、「年月」的關聯訊息。

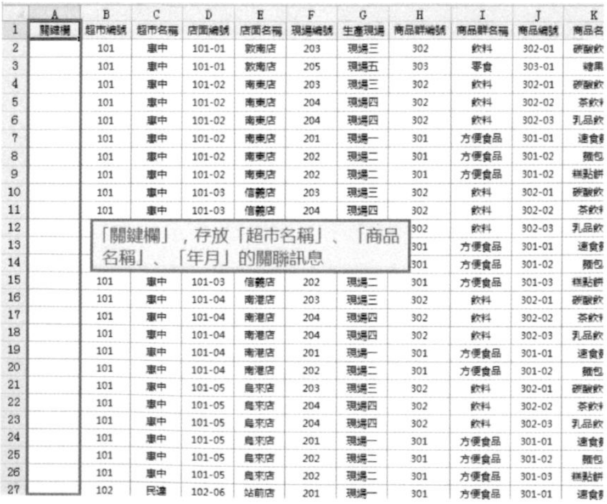

▲ 圖 92 建立關鍵欄並填寫超市銷售登記表 -01

❹ 在 A2 儲存格中鍵入「=」。

❺ 點擊 C2 儲存格。

❻ 鍵入「&」，表示字串連接。

❼ 點擊 K2 儲存格。

❽ 鍵入「&」。

❾ 點擊 P2 儲存格。

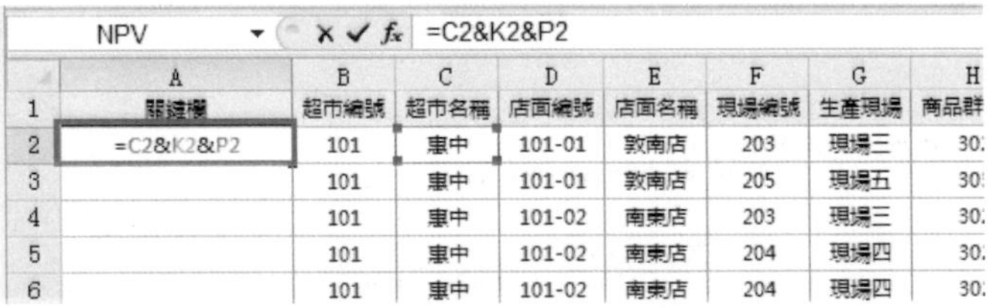

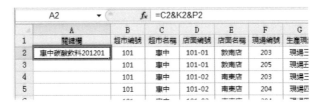

▲ 圖 93 建立關鍵欄並填寫超市銷售登記表 -02

❿ 按下「Enter」按鍵。

⓫ A2 儲存格的內容是由 C2 儲存格、K2 儲存格、P2 儲存格中的字串連接所得，即「超市名稱」、「商品名稱」、「年月」3 者相對應訊息的連接。

▲ 圖 94 建立關鍵欄並填寫超市銷售登記表 -03

⓬ 將 A2 儲存格的公式複製到 A3~A804 儲存格。

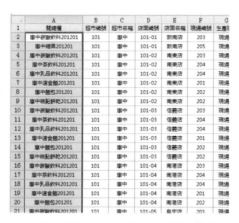

▲ 圖 95 建立關鍵欄並填寫超市銷售登記表 -04

 結果詳見檔案「CH4-12 超市銷售登記 02」之「資料表」工作表。

⑬ 打開檔案「CH4-12 超市銷售登記 02」之「資料表」工作表。

⑭ 選擇報表中任意存有資料的儲存格。

⑮ 點擊工作列「插入」按鍵，並點擊「樞紐分析表→樞紐分析表」。

⑯ 在彈出的「建立樞紐分析表」對話方塊中，確認「表格 / 範圍」為「資料表 !$A$1:$P$804」。

⑰ 點擊「確定」。

⑱ 在產生的「工作表 1」中，按照「圖 96 建立關鍵欄並填寫超市銷售登記表 -05」設定「設計區」。

▲ 圖 96 建立關鍵欄並填寫超市銷售登記表 -05

> **STEP 02**　填寫超市銷售登記表。

❶ 在「CH4-12 超市銷售登記 02」之「超市銷售登記表」工作表中，C3 儲存格中鍵入「=VLOOKUP（A3&B3&C2,」，表示以 A3 儲存格、B3 儲存格、C2 儲存格的連接字串為搜尋目標。

▲ 圖 97　建立關鍵欄並填寫超市銷售登記表 -06

❷ 選擇公式欄中的「A3」。

❸ 按下 F4 鍵。A3 儲存格被設定為絕對位置。

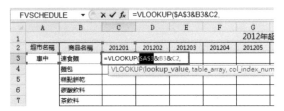

▲ 圖 98　建立關鍵欄並填寫超市銷售登記表 -07

❹ 選擇公式欄中的「B3」。

❺ 按三下 F4 鍵，表示「B3」的 B 欄取絕對位置，第 3 列不固定。

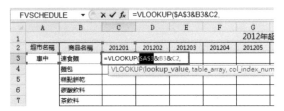

▲ 圖 99　建立關鍵欄並填寫超市銷售登記表 -08

❻ 選擇公式欄中的「C2」。

❼ 按兩下 F4 鍵，表示「C2」的第 2 列取絕對位置，C 欄不固定。

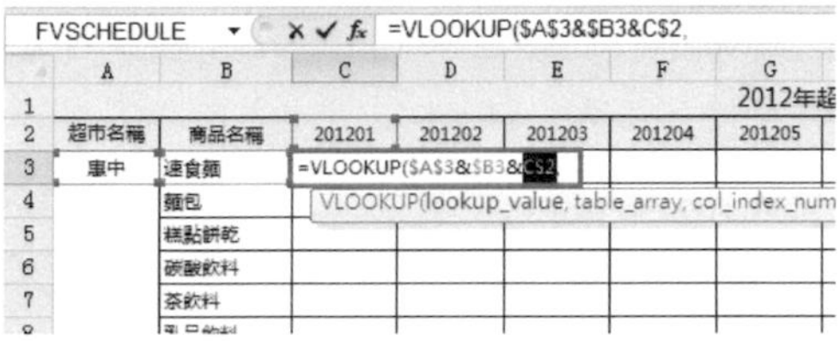

▲ 圖 100 建立關鍵欄並填寫超市銷售登記表 -09

❽ 滑鼠移動到公式欄最後一項，並點擊。

❾ 鍵入「,」。

❿ 選種「樞紐分析表」工作表的 A 欄和 B 欄。

⓫ 鍵入「,」。

⓬ 選中公式欄中「樞紐分析表 !A:B」。

⓭ 按下 F4 鍵。

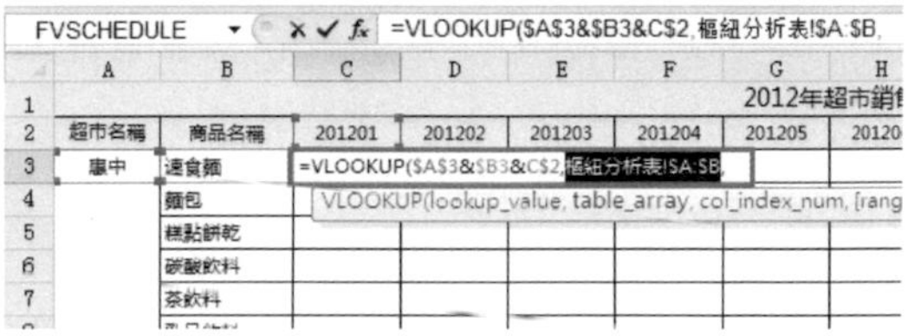

▲ 圖 101 建立關鍵欄並填寫超市銷售登記表 -10

⓮ 鍵入「2,0)」。

⓯ 按下「Enter」按鍵。

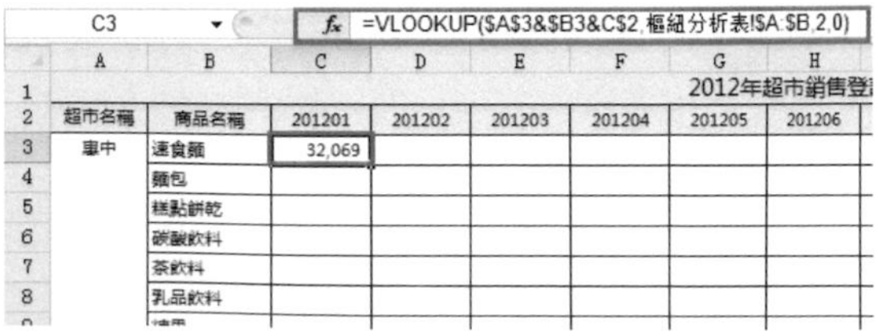

▲ 圖 102 建立關鍵欄並填寫超市銷售登記表 -11

⑯ 按住 C3 儲存格右下角的黑點，並拖移至 N3 儲存格，即快速向右複製公式。

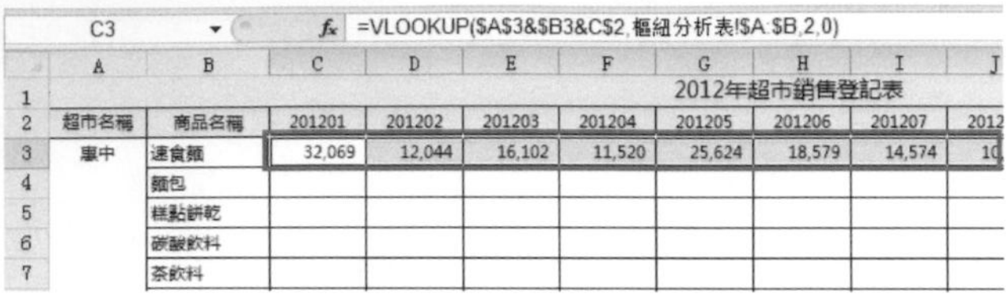

▲ 圖 103 建立關鍵欄並填寫超市銷售登記表 -12

⑰ 選中 C3~N3 儲存格。

⑱ 按住右下角的黑點不放，並拖移至第 12 列。惠中超市的相關數據全部填寫完成。

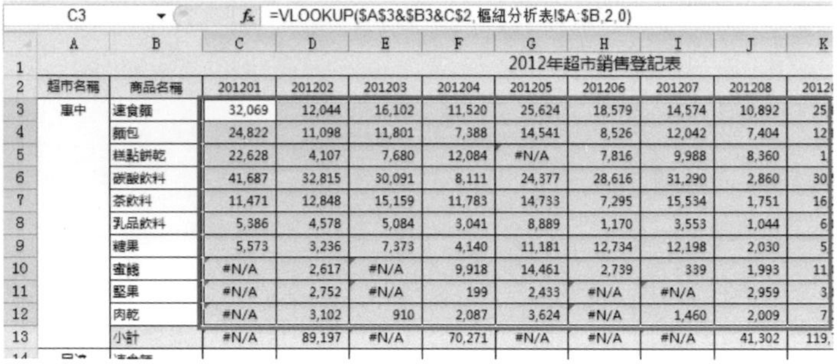

▲ 圖 104 建立關鍵欄並填寫超市銷售登記表 -13

⑲ 選中 C3 儲存格。

⑳ 將 C3 儲存格的公式改寫為「=IF（ISERROR（VLOOKUP（$A$3&$B3&C$2,樞紐分析表!$A:$B,2,0））,0,VLOOKUP（$A$3&$B3&C$2,樞紐分析表!$A:$B,2,0））」。表示如果 VLOOKUP 返回錯誤值，則顯示 0，否則顯示 VLOOKUP 函數的計算結果。

這樣做是因為，惠中超市的數據中，部分儲存格顯示為「#N/A」，是因為相關儲存格沒有數據。為了讓「合計」欄位不因為相對應列的部分儲存格為「#N/A」而顯示「#N/A」。

▲ 圖 105 建立關鍵欄並填寫超市銷售登記表 -14

㉑ 再次將 C3 儲存格的公式複製到 C3~N12 儲存格。原來「#N/A」的顯示消失了。

	A	B	C	D	E	F	G	H	I	J
1						2012年超市銷售登記表				
2	超市名稱	商品名稱	201201	201202	201203	201204	201205	201206	201207	201208	20
3	車中	速食麵	32,069	12,044	16,102	11,520	25,624	18,579	14,574	10,892
4		麵包	24,822	11,098	11,801	7,388	14,541	8,526	12,042	7,404
5		糕點餅乾	22,628	4,107	7,680	12,084		7,816	9,988	8,360
6		碳酸飲料	41,687	32,815	30,091	8,111	24,377	28,616	31,290	2,860
7		茶飲料	11,471	12,848	15,159	11,783	14,733	7,295	15,534	1,751
8		乳品飲料	5,386	4,578	5,084	3,041	8,889	1,170	3,553	1,044
9		糖果	5,573	3,236	7,373	4,140	11,181	12,734	12,198	2,030
10		蜜餞	0	2,617	0	9,918	14,461	2,739	339	1,993
11		堅果	0	2,752	0	199	2,433	0		2,959
12		肉乾	0	3,102	910	2,087	3,624	0	1,460	2,009
13		小計	143,636	89,197	94,200	70,271	119,863	87,475	100,978	41,302

▲ 圖 106 建立關鍵欄並填寫超市銷售登記表 -15

㉒ 將 C3 儲存格的公式複製到 C14 儲存格。

㉓ 將 C14 儲存格公式中的「A3」改寫為「A14」。

㉔ 將 C14 儲存格公式複製到 C14 儲存格～N23 儲存格。

	A	B	C	D	E	F	G	H	I
10		蜜餞	0	2,617	0	9,918	14,461	2,739	3.
11		堅果	0	2,752	0	199	2,433	0	
12		肉乾	0	3,102	910	2,087	3,624	0	1,4
13		小計	143,636	89,197	94,200	70,271	119,863	87,475	100,9
14	民達	速食麵	11,917	12,183	9,857	12,710	12,379	12,934	11,0
15		麵包	18,477	10,307	14,902	13,632	13,522	15,385	11,6
16		糕點餅乾	2,399	3,381	3,657	4,916	5,636	1,346	3,8
17		碳酸飲料	20,365	24,217	19,225	13,944	22,892	23,066	17,3
18		茶飲料	3,327	2,955	4,306	4,734	4,177	3,443	4,7
19		乳品飲料	8,267	7,259	3,613	5,619	7,737	5,236	8,7
20		糖果	5,890	4,316	12,174	7,294	3,928	0	4,9
21		蜜餞	1,320	3,421	3,163	4,000	5,953	917	
22		堅果	3,067	2,308	1,540	1,114	2,143	0	
23		肉乾	2,098	0	1,730	2,522	2,198	0	
24		小計	77,127	70,347	74,167	70,485	80,565	62,327	62,5

▲ 圖 107 建立關鍵欄並填寫超市銷售登記表 -16

㉕ 將 C3 儲存格的公式複製到 C25 儲存格。

㉖ 將 C25 儲存格公式中的「A3」改寫為「A25」。

㉗ 將 C25 儲存格的公式複製到 C25~N34 儲存格。

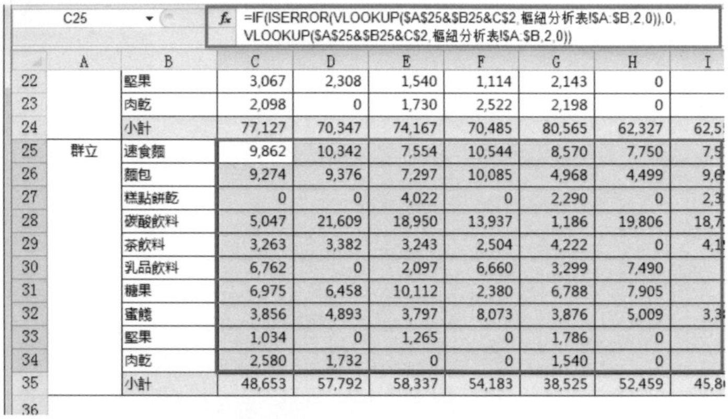

C25		fx	=IF(ISERROR(VLOOKUP($A$25&$B$25&C$2,樞紐分析表!$A,$B,2,0)),0, VLOOKUP($A$25&$B$25&C$2,樞紐分析表!$A,$B,2,0))				
	A	B	C	D	E	F	G	H	I
22		堅果	3,067	2,308	1,540	1,114	2,143	0	
23		肉乾	2,098	0	1,730	2,522	2,198	0	
24		小計	77,127	70,347	74,167	70,485	80,565	62,327	62,5
25	群立	速食麵	9,862	10,342	7,554	10,544	8,570	7,750	7,5
26		麵包	9,274	9,376	7,297	10,085	4,968	4,499	9,6
27		糕點餅乾	0	0	4,022	0	2,290	0	2,3
28		碳酸飲料	5,047	21,609	18,950	13,937	1,186	19,806	18,7
29		茶飲料	3,263	3,382	3,243	2,504	4,222	0	4,1
30		乳品飲料	6,762	0	2,097	6,660	3,299	7,490	
31		糖果	6,975	6,458	10,112	2,380	6,788	7,905	
32		蜜餞	3,856	4,893	3,797	8,073	3,876	5,009	3,3
33		堅果	1,034	0	1,265	0	1,786	0	
34		肉乾	2,580	1,732	0	0	1,540	0	
35		小計	48,653	57,792	58,337	54,183	38,525	52,459	45,8
36									

▲ 圖 108 建立關鍵欄並填寫超市銷售登記表 -17

㉘ 「超市銷售登記表」工作表中的「小計」和「合計」自動計算產生。

㉙ 選中 B2 儲存格。

㉚ 點擊工作列「資料」按鍵,並點擊「篩選」。

▲ 圖 109 建立關鍵欄並填寫超市銷售登記表 -18

㉛ 第 2 列的欄位右側均出現下拉選單鍵。

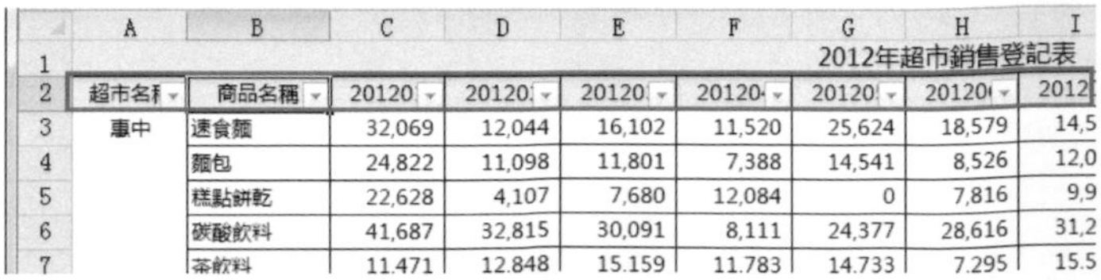

▲ 圖 110 建立關鍵欄並填寫超市銷售登記表 -19

㉜ 點擊 B2 儲存格右側的下拉選單鍵，選擇其中一個或多個項目。

▲ 圖 111 建立關鍵欄並填寫超市銷售登記表 -20

 結果詳見檔案「CH4-12 超市銷售登記 02」之「超市銷售登記表」工作表。

㉝ 點擊「確定」，便可篩選出所要顯示的商品。

上例針對超市進行商品銷售情況登記，如果要針對各店面登記，由於店面
數據繁多，統計報表龐大而複雜。這種情況下，我們可以為每一個店面設
定一張統計報表以登記訊息，便於未來進行更新數據等工作。

（目標） 為各店面分別填寫店面銷售登記表

STEP 01 設定備選項。

 ❶ 打開檔案「CH4-13 店面銷售登記 01」之「店面銷售登記表」工作表。

❷ 將「超市名稱」和「店面名稱」的備選項羅列在「店面銷售登記表」工作
表中。如「圖 112 為各店面分別填寫店面銷售登記表 -01」所示。

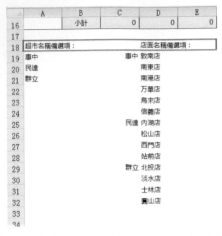

▲ 圖 112 為各店面分別填寫店面銷售登記表 -01

❸ 選中 B2 儲存格。

❹ 點擊工作列「資料」按鍵,並點擊「資料驗證→資料驗證」。

▲ 圖 113 為各店面分別填寫店面銷售登記表 -02

❺ 在彈出的「資料驗證」對話方塊中,點擊「設定」。

❻「儲存格內允許」選擇「清單」。

❼ 點擊「來源」下方空白欄位右側的公式鍵。

▲ 圖 115

⓼ 在彈出的對話方塊中，點選 A19~A21 儲存格。

⓽ 點擊公式鍵。

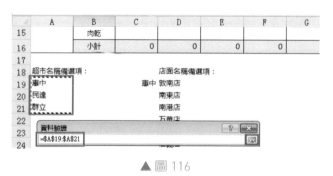

▲ 圖 116

⓾ 點擊「確定」。表示 B2 儲存格的訊息為 A19、A20、A21 三個儲存格訊息之一，即「惠中」、「民達」、「群立」三個超市的名字之一。

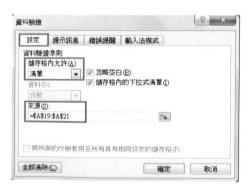

▲ 圖 117 為各店面分別填寫店面銷售登記表 -03

⑪ 選中 D2 儲存格。

⑫ 點擊工作列「資料」按鍵，並點擊「資料驗證→資料驗證」。

⑬ 在彈出的「資料驗證」對話方塊中，點擊「設定」。

⑭「儲存格內允許」選擇「清單」。

⑮ 點擊「來源」下方空白欄位右側的公式鍵。

⑯ 在彈出的對話方塊中，點選 D19~D32 儲存格。

⑰ 點擊公式鍵。

⑱ 點擊「確定」。

⑲ 點擊 B2 儲存格的下拉選單鍵。

⑳ 選擇「民達」。

㉑ 點擊 D2 儲存格的下拉選單鍵。

㉒ 選擇「內湖店」。表示這張報表將登記「民達」超市「內湖店」的訊息。

▲ 圖 118 為各店面分別填寫店面銷售登記表 -04

 結果詳見檔案「CH4-13 店面銷售登記 02」之「店面銷售登記表」工作表。

STEP 02 建立關鍵欄。

❶ 在「CH4-13 店面銷售登記 01」之「資料表」工作表中，在 A 欄之前插入空白欄。

❷ 在 A1 儲存格中鍵入「關鍵欄」。

❸ 在 A2 儲存格中鍵入「=C2&E2&K2&P2」。

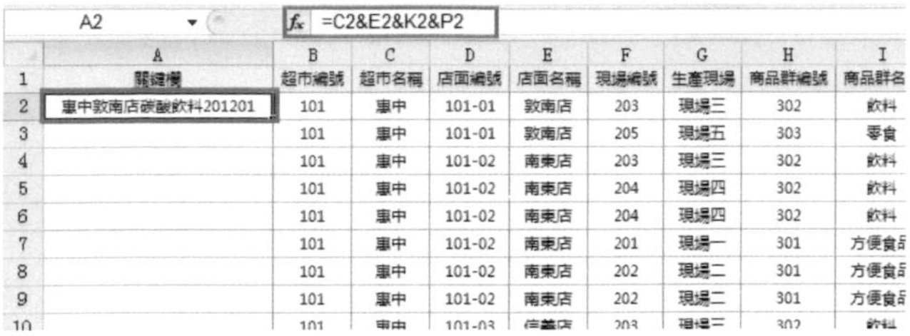

A2 =C2&E2&K2&P2

	A	B	C	D	E	F	G	H	I
1	關鍵欄	超市編號	超市名稱	店面編號	店面名稱	現場編號	生產現場	商品群編號	商品群名
2	惠中敦南店碳酸飲料201201	101	惠中	101-01	敦南店	203	現場三	302	飲料
3		101	惠中	101-01	敦南店	205	現場五	303	零食
4		101	惠中	101-02	南東店	203	現場三	302	飲料
5		101	惠中	101-02	南東店	204	現場四	302	飲料
6		101	惠中	101-02	南東店	204	現場四	302	飲料
7		101	惠中	101-02	南東店	201	現場一	301	方便食品
8		101	惠中	101-02	南東店	202	現場二	301	方便食品
9		101	惠中	101-02	南東店	202	現場二	301	方便食品
10		101	惠中	101-03	信義店	203	現場三	302	飲料

▲圖 119 為各店面分別填寫店面銷售登記表 -05

❹ 將 A2 儲存格的公式複製到 A3~A804 儲存格。

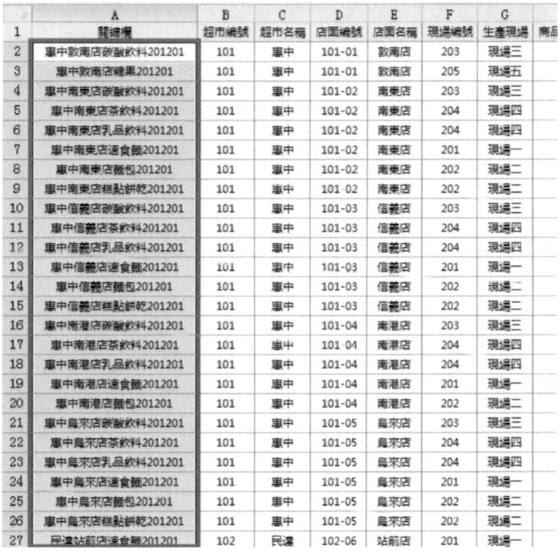

	A	B	C	D	E	F	G
1	關鍵欄	超市編號	超市名稱	店面編號	店面名稱	現場編號	生產現場
2	惠中敦南店碳酸飲料201201	101	惠中	101-01	敦南店	203	現場三
3	惠中敦南店糖果201201	101	惠中	101-01	敦南店	205	現場五
4	惠中南東店碳酸飲料201201	101	惠中	101-02	南東店	203	現場三
5	惠中南東店茶飲料201201	101	惠中	101-02	南東店	204	現場四
6	惠中南東店乳品飲料201201	101	惠中	101-02	南東店	204	現場四
7	惠中南東店速食麵201201	101	惠中	101-02	南東店	201	現場一
8	惠中南東店麵包201201	101	惠中	101-02	南東店	202	現場二
9	惠中南東店糕點餅乾201201	101	惠中	101-02	南東店	202	現場二
10	惠中信義店碳酸飲料201201	101	惠中	101-03	信義店	203	現場三
11	惠中信義店茶飲料201201	101	惠中	101-03	信義店	204	現場四
12	惠中信義店乳品飲料201201	101	惠中	101-03	信義店	204	現場四
13	惠中信義店速食麵201201	101	惠中	101-03	信義店	201	現場一
14	惠中信義店麵包201201	101	惠中	101-03	信義店	202	現場二
15	惠中信義店糕點餅乾201201	101	惠中	101-03	信義店	202	現場二
16	惠中南港店碳酸飲料201201	101	惠中	101-04	南港店	203	現場三
17	惠中南港店茶飲料201201	101	惠中	101-04	南港店	204	現場四
18	惠中南港店乳品飲料201201	101	惠中	101-04	南港店	204	現場四
19	惠中南港店速食麵201201	101	惠中	101-04	南港店	201	現場一
20	惠中南港店麵包201201	101	惠中	101-04	南港店	202	現場二
21	惠中烏來店碳酸飲料201201	101	惠中	101-05	烏來店	203	現場三
22	惠中烏來店茶飲料201201	101	惠中	101-05	烏來店	204	現場四
23	惠中烏來店乳品飲料201201	101	惠中	101-05	烏來店	204	現場四
24	惠中烏來店速食麵201201	101	惠中	101-05	烏來店	201	現場一
25	惠中烏來店麵包201201	101	惠中	101-05	烏來店	202	現場二
26	惠中烏來店糕點餅乾201201	101	惠中	101-05	烏來店	202	現場二
27	民達站前店速食麵201201	102	民達	102-06	站前店	201	現場一

▲圖 120 為各店面分別填寫店面銷售登記表 -06

結果詳見檔案「CH4-13 店面銷售登記 02」之「資料表」工作表。

❺ 打開檔案「CH4-13 店面銷售登記 02」之「資料表」工作表。

❻ 選擇報表中任意存有資料的儲存格。

❼ 點擊工作列「插入」按鍵，並點擊「樞紐分析表→樞紐分析表」。

❽ 在彈出的「建立樞紐分析表」對話方塊中，確認「表格 / 範圍」為「資料表 !$A$1:$P$804」。

❾ 點擊「確定」。

⑩ 在產生的「工作表 1」中，按照「圖 121 為各店面分別填寫店面銷售登記表 -07」設定「設計區」。

	A	B
1		
2		
3	列標籤	加總 - 銷售金額
4	惠中敦南店茶飲料201202	4950
5	惠中敦南店茶飲料201203	8080
6	惠中敦南店茶飲料201204	6222
7	惠中敦南店茶飲料201205	7874
8	惠中敦南店茶飲料201207	5420
9	惠中敦南店茶飲料201209	7320
10	惠中敦南店茶飲料201211	7230
11	惠中敦南店茶飲料201212	6390
12	惠中敦南店糕點餅乾201203	7680
13	惠中敦南店糕點餅乾201207	8745
14	惠中敦南店糕點餅乾201211	4987
15	惠中敦南店堅果201211	3044
16	惠中敦南店蜜餞201204	8073
17	惠中敦南店蜜餞201205	5661
18	惠中敦南店蜜餞201209	9711
19	惠中敦南店蜜餞201211	9136
20	惠中敦南店麵包201203	3252

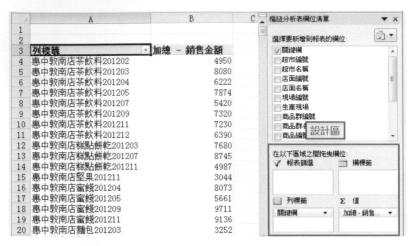

▲ 圖 121 為各店面分別填寫店面銷售登記表 -07

STEP 03 填寫店面銷售登記表。

❶ 打開檔案「CH4-13 店面銷售登記 02」之「店面銷售登記表」工作表。

❷ 在 C4 儲存格中鍵入「=VLOOKUP ($B$2&$D$2&$B4&C$3, 樞紐分析表 !$A:$B,2,0)」，表示搜索的訊息是「超市名稱」、「店面名稱」、「商品名稱」、「年月」的組合，搜索對象是「樞紐分析表」工作表的 A 欄和 B 欄。

❸ 將 C4 儲存格改寫為「=IF(ISERROR(VLOOKUP($B$2&$D$2&$B4&C$3, 樞紐分析表 !$A:$B,2,0)) ,0,VLOOKUP ($B$2&$D$2&$B4&C$3, 樞紐分析表 !$A:$B,2,0))」，去除可能出現的「#N/A」顯示結果。

	A	B	C	D	E	F	G	H
1								店面銷售登記表
2	超市名稱：	民達	店面名稱：	內湖店				
3	商品群	商品	201201	201202	201203	201204	201205	201206
4	方便食品	速食麵	3,010					
5		麵包						
6		糕點餅乾						
7		小計	3,010	0	0	0	0	0
8	飲料	碳酸飲料						

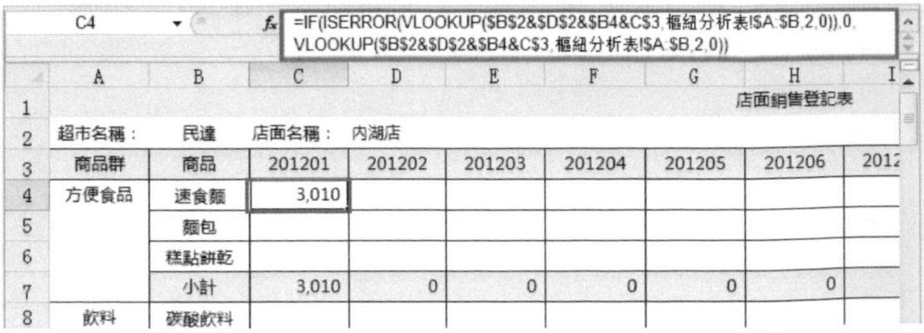

▲ 圖 122 為各店面分別填寫店面銷售登記表 -08

本例中的關鍵欄沒有計入「商品群」的訊息,是因為「商品」訊息具有唯一性。所謂的唯一性,即各商品對應的商品群是唯一的,商品訊息能夠代表「商品群 + 商品」的訊息,因此不用在「關鍵欄」中再加入商品群訊息。以「速食麵」為例,即只要指出「速食麵」,必然是商品群「方便食品」之下的。

現有資料表中,「超市」和「店面」的關係與「商品群」和「商品」的關係是一樣的,即各店面對應的超市是唯一的,店面訊息能夠代表「超市 + 店面」的訊息。為什麼本例中的關鍵欄同時納入了「超市」和「店面」訊息呢?這是因為,各超市的發展過程中可能會拓展店面,導致不同超市開設相同名字的店面,此時便要用「超市 + 店面」代表唯一的店面訊息了。因此,本例中的設定是為未來的變化留有調整餘地。

❹ 將 C4 儲存格的公式複製到 C4~N6 儲存格。民達超市內湖店「方便食品」商品群下各商品的訊息登記完成。

▲ 圖 123 為各店面分別填寫店面銷售登記表 -09

❺ 複製 C4 儲存格。

❻ 貼到 C8 儲存格。由於 C4 儲存格公式設定了絕對位置,因此 C8 儲存格的公式無需修改。

▲ 圖 124 為各店面分別填寫店面銷售登記表 -10

❼ 點擊兩下 C8 儲存格，可以看到 B2 儲存格、D2 儲存格、B8 儲存格、C3
儲存格外框為彩色。上述儲存格均是與 C8 儲存格公式對應的儲存格，C8
儲存格公式無誤。

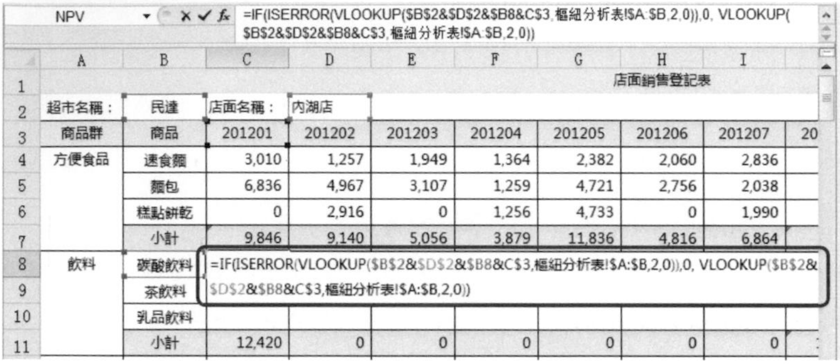

NPV		▾	● ✗ ✔ fx	=IF(ISERROR(VLOOKUP($B$2&$D$2&$B8&C$3,樞紐分析表!$A:$B,2,0)),0, VLOOKUP($B$2&$D$2&$B8&C$3,樞紐分析表!$A:$B,2,0))				
	A	B	C	D	E	F	G	H	I
1								店面銷售登記表
2	超市名稱：	民達	店面名稱：	內湖店				
3	商品群	商品	201201	201202	201203	201204	201205	201206	201207	20
4	方便食品	速食麵	3,010	1,257	1,949	1,364	2,382	2,060	2,836
5		麵包	6,836	4,967	3,107	1,259	4,721	2,756	2,038
6		糕點餅乾	0	2,916	0	1,256	4,733	0	1,990
7		小計	9,846	9,140	5,056	3,879	11,836	4,816	6,864
8	飲料	碳酸飲料	=IF(ISERROR(VLOOKUP($B$2&$D$2&$B8&C$3,樞紐分析表!$A:$B,2,0)),0, VLOOKUP($B$2&					
9		茶飲料	&$D$2&$B8&C$3,樞紐分析表!$A:$B,2,0))					
10		乳品飲料						
11		小計	12,420	0	0	0	0	0	0

▲ 圖 125 為各店面分別填寫店面銷售登記表 -11

❽ 將 C8 儲存格的公式複製到 C8~N10 儲存格。

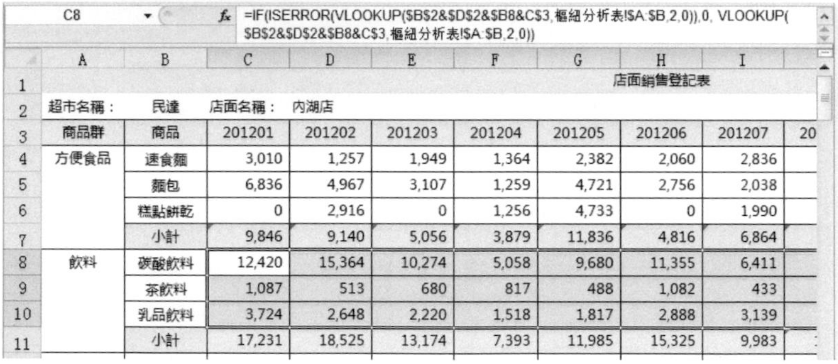

C8		▾		fx	=IF(ISERROR(VLOOKUP($B$2&$D$2&$B8&C$3,樞紐分析表!$A:$B,2,0)),0, VLOOKUP($B$2&$D$2&$B8&C$3,樞紐分析表!$A:$B,2,0))				
	A	B	C	D	E	F	G	H	I
1								店面銷售登記表
2	超市名稱：	民達	店面名稱：	內湖店				
3	商品群	商品	201201	201202	201203	201204	201205	201206	201207	20
4	方便食品	速食麵	3,010	1,257	1,949	1,364	2,382	2,060	2,836
5		麵包	6,836	4,967	3,107	1,259	4,721	2,756	2,038
6		糕點餅乾	0	2,916	0	1,256	4,733	0	1,990
7		小計	9,846	9,140	5,056	3,879	11,836	4,816	6,864
8	飲料	碳酸飲料	12,420	15,364	10,274	5,058	9,680	11,355	6,411
9		茶飲料	1,087	513	680	817	488	1,082	433
10		乳品飲料	3,724	2,648	2,220	1,518	1,817	2,888	3,139
11		小計	17,231	18,525	13,174	7,393	11,985	15,325	9,983

▲ 圖 126 為各店面分別填寫店面銷售登記表 -12

❾ 複製 C4 儲存格。

❿ 貼到 C12 儲存格。

⓫ 將 C12 儲存格的公式複製到 C12~N15 儲存格。

	A	B	C	D	E	F	G	H	I
1								店面銷售登記表	
2	超市名稱：	民達	店面名稱：	內湖店					
3	商品群	商品	201201	201202	201203	201204	201205	201206	201207
4	方便食品	速食麵	3,010	1,257	1,949	1,364	2,382	2,060	2,836
5		麵包	6,836	4,967	3,107	1,259	4,721	2,756	2,038
6		糕點餅乾	0	2,916	0	1,256	4,733	0	1,990
7		小計	9,846	9,140	5,056	3,879	11,836	4,816	6,864
8	飲料	碳酸飲料	12,420	15,364	10,274	5,058	9,680	11,355	6,411
9		茶飲料	1,087	513	680	817	488	1,082	433
10		乳品飲料	3,724	2,648	2,220	1,518	1,817	2,888	3,139
11		小計	17,231	18,525	13,174	7,393	11,985	15,325	9,983
12	零食	糖果	0	0	2,759	1,131	1,345	0	2,254
13		蜜餞	0	0	1,490	2,460	2,052	0	0
14		堅果	0	0	0	0	0	0	0
15		肉乾	0	0	0	0	0	0	0
16		小計	0	0	4,249	3,591	3,397	0	2,254

▲ 圖 127 為各店面分別填寫店面銷售登記表 -13

結果詳見檔案「CH4-13 店面銷售登記 02」之「店面銷售登記表」工作表。

對於其他客戶店面的銷售登記表，只需在上述表格中重新選擇「超市名稱」和「店面名稱」，便可立即產生新的報表。

4.1 實戰練習

1. 以檔案「CH4-14 百分比比較之同比比較」之「資料表」為基礎：

   將 2013 年上半年各月各商品的銷售金額，與 2012 年下半年的數據進行百分比比較。

2. 以檔案「CH4-15 百分比比較之環比比較」之「資料表」為基礎：

   （1）將各月各商品群及各商品的銷售數量，與上一個月的數據進行比較。

   （2）將各月各商品群及各商品的銷售數量，與 2012 年 5 月的數據進行比較。

3. 以檔案「CH4-16 百分比比較之與固定商品比較」之「樞紐分析表 - 與固定月份比較」為基礎：

   將各年月的各商品的銷售數量，與同年月速食麵的銷售數量作百分比比較。

4. 以檔案「CH4-17 百分比比較之與固定商品群比較」之「樞紐分析表 - 與固定商品比較」為基礎：

   將各月各商品群銷售金額，與同年月商品群飲料的銷售金額進行百分比比較。

5. 以檔案「CH4-18 差異值比較」之「銷售金額比較表」為基礎：

   將 2013 年上半年各月各商品的銷售金額，與 2012 年上半年的數據進行差異值比較。

6. 以檔案「CH4-19 差異值比較」之「銷售金額比較表」為基礎：

   將 2013 年上半年各月各商品的銷售金額，與 2012 年上半年的數據進行差異值百分比比較。

7. 以檔案「CH4-20 統計個體占總體的百分比」之「樞紐分析表」為基礎：

   （1）計算各商品銷售數量占總銷售數量的百分比。

   （2）以麵包銷售數量為 100%，進行占比分析。

   （3）同時分析商品銷售數量在商品群中的占比、商品群銷售數量在總銷售數量中的占比。

8. 以檔案「CH4-21 同時顯示原始數據和比較數據」之「樞紐分析表 - 原始數據」為基礎：

   新增百分比比較列，比較 2012 年和 2013 年各月各店面各商品的銷售數量。

9. 以檔案「CH4-22 店面銷售金額排名」之「樞紐分析表」為基礎：

   按店面銷售金額排序，並選出銷售金額占前 50% 的店面。

10. 以檔案「CH4-23 現場銷售金額排名」之「樞紐分析表」為基礎：

    對各現場每月的銷售金額排名。

11. 以檔案「CH4-24 銷售計劃與實現」之「資料表」為基礎：

    填寫「CH4-24 銷售計劃與實現」之「銷售計劃及實現表」。

12. 以檔案「CH4-25 超市銷售登記」之「資料表」為基礎：

    填寫「CH4-25 超市銷售登記」之「超市銷售登記表」。

Note

5

樞紐分析表的潤色

EXCEL 可以透過顏色和圖形的標識突出報表重點，讓讀者更快地找到所需訊息。本章將介紹樞紐分析表的「潤色」方法，讓樞紐分析表在簡單的「變臉」後，更好地滿足讀者閱讀需求。

5.1 設定單一條件下字體顯示色

在「CH5-01 設定單一條件下字體顯示色」之「樞紐分析表」工作表中，下面將介紹如何將「2013/2012」值小於 75% 的儲存格用藍色字體顯示出來。

 2013 年與 2012 年的銷售金額比值小於 75% 時用藍色字體顯示

STEP 01 建立格式規則。

❶ 打開檔案「CH5-01 設定單一條件下字體顯示色 01」之「樞紐分析表」工作表。

❷ 該樞紐分析表顯示各商品群 2012 年 1 月 -6 月以及 2013 年 1 月 -6 月的銷售金額，同時顯示了 2013 年與 2012 年的銷售金額的比值。

商品群名稱	數值	月 01	02	03	04	05	06
方便食品	2012	131,448	72,838	82,872	82,879	87,530	76,835
	2013	98,939	81,553	89,601	97,251	100,822	84,963
	2013/2012	75.27%	111.96%	108.12%	117.34%	115.19%	110.58%
零食	2012	32,393	34,835	42,064	41,727	59,911	29,304
	2013	22,964	25,313	30,937	26,001	36,711	15,736
	2013/2012	70.89%	72.67%	73.55%	62.31%	61.28%	53.70%
飲料	2012	105,575	109,663	101,768	70,333	91,512	96,122
	2013	115,783	92,132	100,282	103,763	99,500	81,613
	2013/2012	109.67%	84.01%	98.54%	147.53%	108.73%	84.91%

▲ 圖 1 銷售金額比值小於 75% 時用藍色字體顯示 -01

❸ 選中任意顯示「2013/2012」值的儲存格。例如 C7 儲存格，該儲存格顯示的是商品群「方便食品」的 2013 年 1 月銷售金額占 2012 年 1 月銷售金額的比例。

注意，若未先選中任意顯示「2013/2012」值的儲存格，而是選中其他儲存格，則之後的設定中無法選擇對「2013/2012」的數據進行設定。

❹ 點擊工作列「常用」按鍵，並點擊「設定格式化的條件→新增規則」。

▲ 圖 2 銷售金額比值小於 75% 時用藍色字體顯示 -02

❺ 在彈出的「新增格式化規則」的對話方塊中，「套用規劃至」選擇「所有顯示 '2013/2012' 值的儲存格」。

▲ 圖 3 銷售金額比值小於 75% 時用藍色字體顯示 -03

❻「選取規則類型」選擇「只格式化包含下列的儲存格」。

❼「編輯規則說明」選擇「小於」,並在右側的欄位中鍵入「75%」。

❽ 點擊「格式」。

❾ 在彈出的「儲存格格式」對話方塊中,點擊「字型」。

❿ 色彩選擇「藍色」。

▲ 圖 4 銷售金額比值小於 75% 時用藍色字體顯示 -04

⓫ 依次在兩個對話方塊中點擊「確定」。

⓬ 報表中所有成長率小於 75% 的儲存格均以藍色字體顯示。

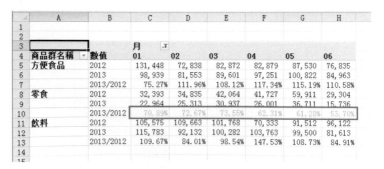

	A	B	C	D	E	F	G	H
1								
2								
3			月					
4	商品群名稱	數值	01	02	03	04	05	06
5	方便食品	2012	131,448	72,838	82,872	82,879	87,530	76,835
6		2013	98,939	81,553	89,601	97,251	100,822	84,963
7		2013/2012	75.27%	111.96%	108.12%	117.34%	115.19%	110.58%
8	零食	2012	32,393	34,835	42,064	41,727	59,911	29,304
9		2013	22,964	25,313	30,937	26,001	36,711	15,736
10		2013/2012	70.89%	72.67%	73.55%	62.31%	61.28%	53.70%
11	飲料	2012	105,575	109,663	101,768	70,333	91,512	96,122
12		2013	115,783	92,132	100,282	103,763	99,500	81,613
13		2013/2012	109.67%	84.01%	98.54%	147.53%	108.73%	84.91%
14								
15								

▲ 圖 5 銷售金額比值小於 75% 時用藍色字體顯示 -05

 結果詳見檔案「CH5-01 設定單一條件下字體顯示色 02」之「樞紐分析表 - 更新 1」工作表。

STEP 01 修改格式規則。

❶ 打開檔案「CH5-01 設定單一條件下字體顯示色 02」之「樞紐分析表 - 更新 1」工作表。

❷ 點擊工作列中「常用」按鍵,並點擊「設定格式化的條件→管理規則」。

▲ 圖 6 銷售金額比值小於 75% 時用藍色字體顯示 -06

❸ 在彈出的「設定格式化的條件規則管理員」對話方塊中,點擊「編輯規則」。

▲ 圖 7 銷售金額比值小於 75% 時用藍色字體顯示 -07

❹ 在彈出的「編輯格式化規則」對話方塊中，點擊「格式」。

▲ 圖 8 銷售金額比值小於 75% 時用藍色字體顯示 -08

❺ 在彈出的「儲存格格式」對話方塊中，點擊「字型」。

❻「字型樣式」選擇「粗體」，「色彩」選擇「深紅色」。

▲ 圖 9 銷售金額比值小於 75% 時用藍色字體顯示 -09

❼ 依次在三個對話方塊中點擊「確定」。

❽ 成長率小於 75% 的儲存格由深紅色粗體字顯示。

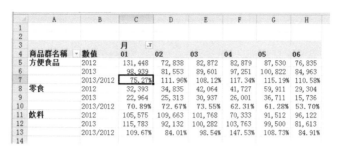

▲ 圖 10 銷售金額比值小於 75% 時用藍色字體顯示 -10

 結果詳見檔案「CH5-01 設定單一條件下字體顯示色 02」之「樞紐分析表 - 更新 2」工作表。

格式化條件的設定也可以針對數據區間。

 目標 「2013/2012」的值位於 100%~110% 時顯示紅色字體

❶ 打開檔案「CH5-01 設定單一條件下字體顯示色 02」之「樞紐分析表 - 更新 2」工作表。

❷ 選中 C10~H10 儲存格。

❸ 點擊工作列中「常用」按鍵,並點擊「設定格式化的條件→清除規則→清除整張工作表的規則」。

▲ 圖 11 值位於 100%~110% 時顯示紅色字體 -01

❹ 所有用深紅色粗體字顯示的訊息變回黑色非粗體字顯示。

	A	B	C	D	E	F	G	H
1								
2								
3			月					
4	商品群名稱	數值	01	02	03	04	05	06
5	方便食品	2012	131,448	72,838	82,872	82,879	87,530	76,835
6		2013	98,939	81,553	89,601	97,251	100,822	84,963
7		2013/2012	75.27%	111.96%	108.12%	117.34%	115.19%	110.58%
8	零食	2012	32,393	34,835	42,064	41,727	59,911	29,304
9		2013	22,964	25,313	30,937	26,001	36,711	15,736
10		2013/2012	70.89%	72.67%	73.55%	62.31%	61.28%	53.70%
11	飲料	2012	105,575	109,663	101,768	70,333	91,512	96,122
12		2013	115,783	92,132	100,282	103,763	99,500	81,613
13		2013/2012	109.67%	84.01%	98.54%	147.53%	108.73%	84.91%
14								
15								

▲ 圖 12 值位於 100%~110% 時顯示紅色字體 -02

❺ 選中 C7 儲存格。

❻ 點擊工作列「常用」按鍵,並點擊「設定格式化的條件→新增規則」。

❼ 在彈出的「新增格式規則」對話方塊中,「套用規則至」選擇「所有顯示 '2013/2012' 值的儲存格」。

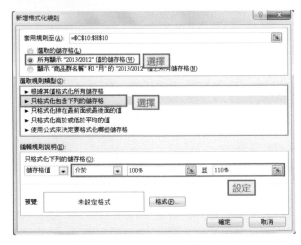

▲ 圖 13 值位於 100%~110% 時顯示紅色字體 -03

❽「選取規則類型」選擇「只格式化包含下列的儲存格」。

❾「編輯規則說明」選擇「介於」,並在右側的欄位中依次鍵入「100%」和「120%」。

❿ 點擊「格式」。

⑪ 在彈出的「儲存格格式」對話方塊中，點擊「字型」。

⑫「字型樣式」選擇「粗體」，「色彩」選擇「紅色」。

▲ 圖 14 值位於 100%~110% 時顯示紅色字體 -04

⑬ 依次在兩個對話方塊中點擊「確定」。

⑭ 報表中所有「2013/2012」值介於 100%~110% 之間的儲存格均以粗體紅色字顯示。

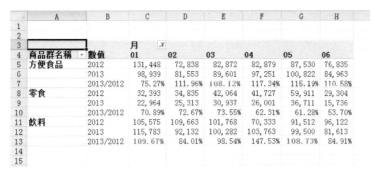

	A	B	C	D	E	F	G	H
1								
2								
3			月					
4	商品群名稱	數值	01	02	03	04	05	06
5	方便食品	2012	131,448	72,838	82,872	82,879	87,530	76,835
6		2013	98,939	81,553	89,601	97,251	100,822	84,963
7		2013/2012	75.27%	111.96%	108.12%	117.34%	115.19%	110.58%
8	零食	2012	32,393	34,835	42,064	41,727	59,911	29,304
9		2013	22,964	25,313	30,937	26,001	36,711	15,736
10		2013/2012	70.89%	72.67%	73.55%	62.31%	61.28%	53.70%
11	飲料	2012	105,575	109,663	101,768	70,333	91,512	96,122
12		2013	115,783	92,132	100,282	103,763	99,500	81,613
13		2013/2012	109.67%	84.01%	98.54%	147.53%	108.73%	84.91%
14								
15								

▲ 圖 15 值位於 100%~110% 時顯示紅色字體 -05

結果詳見檔案「CH5-01 設定單一條件下字體顯示色 02」之「樞紐分析表 - 更新 3」工作表。

前兩例中，「編輯規則說明」均自行鍵入資料，如果我們常常需要變動這個資料，可以用更簡便的方式實現「編輯規則」的自動更新。

目標 成長率位於 100%~110% 時顯示紅色粗體字，且區間值設定為快速自動更新

❶ 打開檔案「CH5-01 設定單一條件下字體顯示色 02」之「樞紐分析表 - 更新 3」工作表。

❷ 在 A1 儲存格中鍵入「區間取值」。

❸ 在 B1 儲存格中鍵入「100%」。

❹ 在 C1 儲存格中鍵入「110%」。

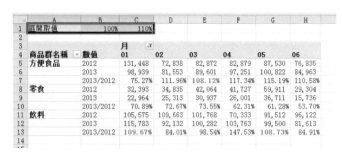

▲ 圖 16 區間值設定為快速自動更新 -01

❺ 選中樞紐分析表的任意儲存格。

❻ 點擊工作列「常用」按鍵，並點擊「設定格式化的條件→管理規則→編輯規則」。

❼ 在彈出的「編輯格式化規則」對話方塊中，點擊「編輯規則說明」右側第 1 個公式鍵。

▲ 圖 17 區間值設定為快速自動更新 -02

❽ 在彈出的對話方塊中，點選 B1 儲存格。

▲ 圖 18 區間值設定為快速自動更新 -03

❾ 點擊公式鍵。

❿ 在「編輯格式化規則」對話方塊中，點擊「編輯規則說明」右側第 2 個公式鍵。

⓫ 在彈出的對話方塊中，點選 C1 儲存格。

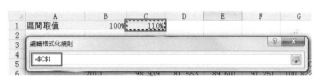

▲ 圖 19 區間值設定為快速自動更新 -04

⓬ 點擊公式鍵。

⓭ 點擊「確定」。

⓮ 若要修改區間的最大值、最小值，可透過 B1 儲存格和 C1 儲存格修改，修改結果會自動反應在報表中。

▲ 圖 20 區間值設定為快速自動更新 -05

結果詳見檔案「CH5-01 設定單一條件下字體顯示色 02」之「樞紐分析表 - 更新 4」工作表。

5.2 設定多條件下外框顯示色

上一節介紹了單一條件下的字體和色彩設定，如果我們要對不同區間（即多條件下）的數據設定不同顏色的外框，如何操作呢？

 成長率位於 2 個不同區間的值用 2 種不同顏色的外框顯示，對「2013/2012」值小於「75%」的儲存格字體及外框用深紅色顯示，同時，對於「2013/2012」值大於「115%」的儲存格字體及外框用深綠色顯示

STEP 01 設定值小於「75%」的儲存格。

❶ 打開檔案「CH5-02 設定多條件下外框顯示色 01」之「樞紐分析表」工作表。

❷ 點擊工作列「常用」按鍵，並點擊「設定格式化的條件→管理規則→編輯規則」。

❸ 在彈出的「編輯格式化規則」對話方塊中，點擊「格式」。

❹ 在彈出的「儲存格格式」對話方塊中，點擊「外框」。

❺「色彩」選擇「深紅色」。

❻ 點擊「格式」中的「外框」。

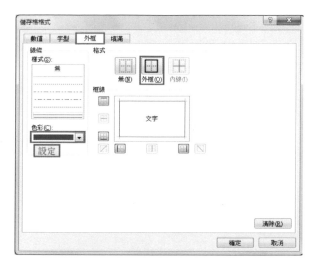

▲ 圖 21 不同成長率用不同顏色的外框顯示 -01

❼ 依次在兩個對話方塊中點擊「確定」。

❽ 深紅字體顯示的儲存格外框也為深紅色。

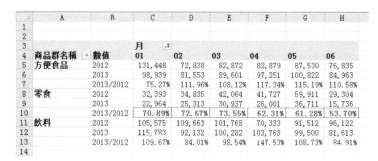

	A	B	C	D	E	F	G	H
1								
2								
3			月					
4	商品群名稱 ▼	數值	01	02	03	04	05	06
5	方便食品	2012	131,448	72,838	82,872	82,879	87,530	76,835
6		2013	98,939	81,553	89,601	97,251	100,822	84,963
7		2013/2012	75.27%	111.96%	108.12%	117.34%	115.19%	110.58%
8	零食	2012	32,393	34,835	42,064	41,727	59,911	29,304
9		2013	22,964	25,313	30,937	26,001	36,711	15,736
10		2013/2012	70.89%	72.67%	73.55%	62.31%	61.28%	53.70%
11	飲料	2012	105,575	109,663	101,768	70,333	91,512	96,122
12		2013	115,783	92,132	100,282	103,763	99,500	81,613
13		2013/2012	109.67%	84.01%	98.54%	147.53%	108.73%	84.91%
14								

▲ 圖 22 不同成長率用不同顏色的外框顯示 -02

 結果詳見檔案「CH5-02 設定多條件下外框顯示色 02」之「樞紐分析表 - 更新 1」工作表。

STEP 02 設定值大於「115%」的儲存格。

 ❶ 打開檔案「CH5-02 設定多條件下外框顯示色 02」之「樞紐分析表 - 更新 1」工作表。

❷ 選中 C7 儲存格。

❸ 點擊工作列「常用」按鍵,並點擊「設定格式化的條件→新增規則」。

❹ 在彈出的「新增格式化規則」對話方塊中,「套用規則至」選擇「所有顯示 "2013/2012" 值得儲存格」。

▲ 圖 23 不同成長率用不同顏色的外框顯示 -03

❺「選取規則類型」選擇「之格式化包含下列的儲存格」。

❻「編輯規則說明」選擇「大於」,並在右側的欄位中鍵入「115%」。

❼ 點擊「格式」。

❽ 在彈出的「儲存格格式」對話方塊中,點擊「字型」。

❾「字型樣式」選擇「粗體」,「色彩」選擇「綠色」。

▲ 圖 24 不同成長率用不同顏色的外框顯示 -04

⑩ 點擊「外框」。

⑪「色彩」選擇「綠色」。

⑫ 點擊「格式」中的「外框」。

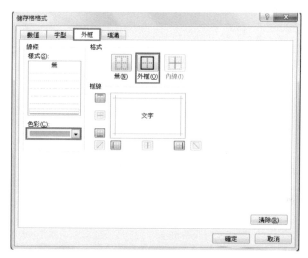

▲ 圖 25 不同成長率用不同顏色的外框顯示 -05

⑬ 依次在兩個對話方塊中點擊「確定」。

⑭「2013/2012」值大於 115% 的儲存格的字體為深綠色粗體，外框為深綠色。

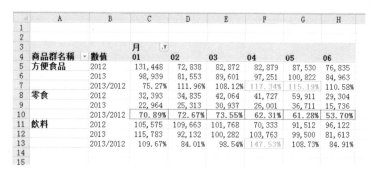

▲ 圖 26 不同成長率用不同顏色的外框顯示 -06

 結果詳見檔案「CH5-02 設定多條件下外框顯示色 02」之「樞紐分析表 - 更新 2」工作表。

STEP 3 　對於因「2013/2012」值而進行字體及外框變化的儲存格,將其對應的 2012 年和 2013 年的銷售金額數據也用同樣的顏色顯示。

❶ 打開檔案「CH5-02 設定多條件下外框顯示色 02」之「樞紐分析表 - 更新 2」工作表。

❷ 選中 C5 儲存格。

❸ 點擊工作列「常用」按鍵,並點擊「設定格式化的條件→新增規則」。

❹ 在彈出的「新增格式化規則」對話方塊中,「套用規則至」選擇「所有顯示 '2012' 值的儲存格」。

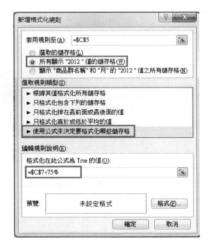

▲ 圖 27 不同成長率用不同顏色的外框顯示 -07

❺「選取規則類型」選擇「使用公式來決定要格式化哪些儲存格」。

❻ 在「編輯規則說明」下方的欄位中鍵入「=」。

❼ 點擊 C7 儲存格。

❽ 鍵入「<75%」。表示對「2012 年數據小於 75%」的情況進行設定。

❾ 刪除公式中 C7 自動帶入的「$」絕對位置符號,因為對其他儲存格進行類似設定時並非以 C7 儲存格為絕對位置的參考。

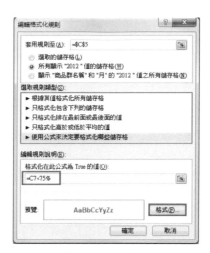

▲ 圖 28 不同成長率用不同顏色的外框顯示 -08

⑩ 點擊「格式」。

⑪ 在彈出的「儲存格格式」對話方塊中，點擊「字型」。

⑫ 「字型樣式」選擇「粗體」。

⑬ 「色彩」選擇「深紅色」。

⑭ 依次在兩個對話方塊中點擊「確定」。

⑮ 相對應的「2012」值顯示為深紅色粗體了。

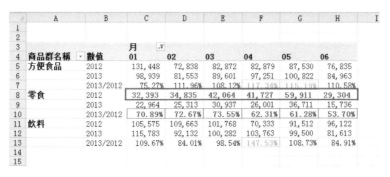

▲ 圖 29 不同成長率用不同顏色的外框顯示 -09

⑯ 對於「2013/2012」值大於 115% 的對應的「2012」數據也做類似操作。

注意，在「編輯規則說明中」，「大於 115%」對應的公式表示是「>= 115%」，因為「編輯規則說明」中選擇「大於」即表示「大於等於」。

⑰ 設定結果如「圖 30 不同成長率用不同顏色的外框顯示 -10」所示。

	A	B	C	D	E	F	G	H
1								
2								
3			月					
4	商品群名稱	數值	01	02	03	04	05	06
5	方便食品	2012	131,448	72,838	82,872	82,879	87,530	76,835
6		2013	98,939	81,553	89,601	97,251	100,822	84,963
7		2013/2012	75.27%	111.96%	108.12%	117.34%	115.19%	110.58%
8	零食	2012	32,393	34,835	42,064	41,727	59,911	29,304
9		2013	22,964	25,313	30,937	26,001	36,711	15,736
10		2013/2012	70.89%	72.67%	73.55%	62.31%	61.34%	53.70%
11	飲料	2012	105,575	109,663	101,768	70,333	91,512	96,122
12		2013	115,783	92,132	100,282	103,763	99,500	81,613
13		2013/2012	109.67%	84.01%	98.54%	147.53%	108.73%	84.91%
14								
15								

▲ 圖 30 不同成長率用不同顏色的外框顯示 -10

結果詳見檔案「CH5-02 設定多條件下外框顯示色 02」之「樞紐分析表 - 更新 3」工作表。

5.3
設定多條件下的圖示

直觀地顯示數據訊息，除了設定字體顏色、外框顏色等，也可以在報表的數據邊插入圖示。

圖示的種類有很多，EXCEL 圖示集的訊息包括「圖 31EXCEL 圖示集訊息」中各類圖示。同一組彩色圖示中，「綠」、「黃」、「紅」分別對應由大到小排列的區間值。

▲ 圖 31 EXCEL 圖示集訊息

如「圖 32 對圖示集進行編輯規則說明」所示，對圖示集進行「編輯規則說明」，圖示區間值可以自行設定，且可選擇區間值的設定類型。包括：

❶ 按「數值」設定，即「值」欄位給出明確的區間數值。

❷ 按「百分比」設定，即「值」欄位按照數據總區間的百分比劃分。

❸ 按「公式」設定，即「值」欄位的「值」對應到公式的計算結果。

❹ 按「百分位數」設定，即「值」欄位的「值」為百分位數的計算結果。

對於不同區間的「值」，可以取不同的類型。

▲ 圖 32 對圖示集進行編輯規則說明

下面以 EXCEL 預設的「紅綠黃燈」圖舉例，說明圖示的運用。

「2013/2012」值超過 115% 時用綠燈表示，介於 75%~115% 時用黃燈表示，低於 75% 時用紅燈表示

STEP 01 建立圖示。

❶ 打開檔案「CH5-03 設定多條件下的圖示 01」之「樞紐分析表」工作表。

❷ 選中 C7 儲存格。

❸ 點擊工作列中「常用」按鍵，並點擊「設定格式化的條件→管理規則」。

❹ 依次選中各條規則，並點擊「刪除規則」。

▲ 圖 33 不同成長率用不同圖示顯示 -01

❺ 點擊「新增規則」。

❻ 在彈出的「新增格式化規則」對話方塊中，「套用規則至」選擇「所有顯示 '2013/2012' 值的儲存格」。

▲ 圖 34 不同成長率用不同圖示顯示 -02

❼「選取規則類型」選擇「根據其值格式化所有儲存格」。

❽「編輯規則說明」中,「格式樣式」選擇「圖示集」。「圖示樣式」選擇紅綠燈。「根據下列規則顯示每一個圖示」項依據報表定義的區間值設定,其中「類型」選擇「數值」,「值」按照「<75%」、「>=75% 且 <115%」、「>=115%」設定。

❾ 依次在兩個對話方塊中點擊「確定」。

❿ 各「2013/2012」儲存格顯示相對應的圖示標記。

	A	B	C	D	E	F	G	H
1								
2								
3			月					
4	商品群名稱 ▾	數值	01	02	03	04	05	06
5	方便食品	2012	131,448	72,838	82,872	82,879	87,530	76,835
6		2013	98,939	81,553	89,601	97,251	100,822	84,963
7		2013/2012	○ 75.27%	○ 111.96%	○ 108.12%	○ 117.34%	○ 115.19%	○ 110.58%
8	零食	2012	32,393	34,835	42,064	41,727	59,911	29,304
9		2013	22,964	25,313	30,937	26,001	36,711	15,736
10		2013/2012	● 70.89%	● 72.67%	● 73.55%	● 62.31%	● 61.28%	● 53.70%
11	飲料	2012	105,575	109,663	101,768	70,333	91,512	96,122
12		2013	115,783	92,132	100,282	103,763	99,500	81,613
13		2013/2012	○ 109.67%	○ 84.01%	○ 98.54%	○ 147.53%	○ 108.73%	○ 84.91%
14								

▲ 圖 35 不同成長率用不同圖示顯示 -03

結果詳見檔案「CH5-03 設定多條件下的圖示 02」之「樞紐分析表 - 更新 1」工作表。

STEP 02 修改圖示。

❶ 打開檔案「CH5-03 設定多條件下的圖示 02」之「樞紐分析表 - 更新 1」工作表。

❷ 選中 C7 儲存格。

❸ 點擊工作列「常用」按鍵,並點擊「設定格式化的條件→圖示集→指標→旗幟」。

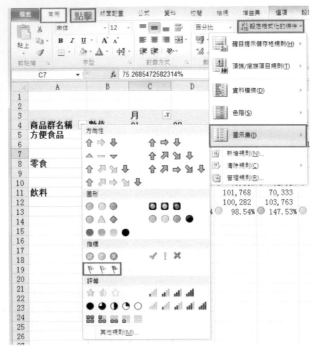

▲ 圖 36 不同成長率用不同圖示顯示 -04

❹ C7 儲存格的圖示變成旗幟。

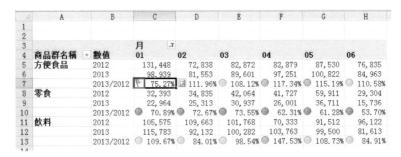

▲ 圖 37 不同成長率用不同圖示顯示 -05

 結果詳見檔案「CH5-03 設定多條件下的圖示 02」之「樞紐分析表 - 更新 2」工作表。

將上例中的數據與圖示分作兩個儲存格顯示

❶ 打開檔案「CH5-03 設定多條件下的圖示 02」之「樞紐分析表 - 更新 1」工作表。

❷ 將「2013/2012（欄位 1）」再次移入「設計區」中「∑ 值」下的最後一項。

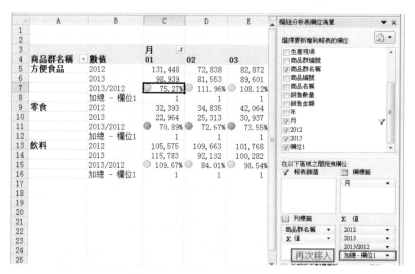

▲ 圖 38 數據與圖示分作兩個儲存格顯示 -01

❸ 點擊「∑ 值」下「加總 - 欄位 1」右側的下拉選單鍵，選擇「值欄位設定」。

❹ 在彈出的「值欄位設定」對話方塊中，「自訂名稱」改寫為「圖示項」。

❺ 點擊「關閉」。

❻ 選中 C8 儲存格。

❼ 點擊工作列「常用」按鍵，並點擊「設定格式化的條件→新增規則」。

❽ 類似上例的規則設定「新增格式化規則」，但要勾選「僅顯示圖示」。

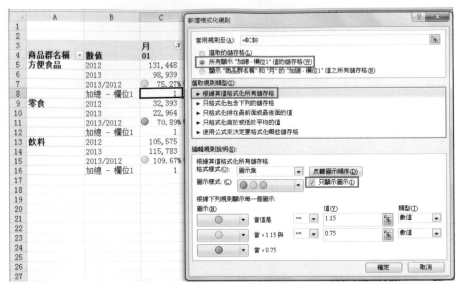

▲ 圖 39 數據與圖示分作兩個儲存格顯示 -02

❾ 點擊「確定」。「2013/2012」的圖示單獨顯示出來。

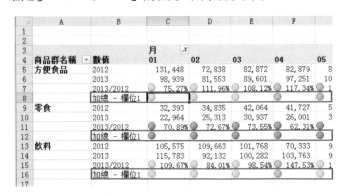

▲ 圖 40 數據與圖示分作兩個儲存格顯示 -03

❿ 檢驗新增列結果正確與否，查看其與上一列圖示是否相同。

⓫ 選中 C7 儲存格。

⓬ 點擊工作列「常用」按鍵，並點擊「設定格式化的條件→管理規則」。

⓭ 在彈出的「設定格式化的條件規則管理員」對話方塊中，選中「2013/2012」
　　對應的圖示集，點擊「刪除規則」。

▲ 圖 41 數據與圖示分作兩個儲存格顯示 -04

⑭ 點擊「確定」。得到數據與圖示分開顯示的報表。

	A	B	C	D	E	F	G	H
1								
2								
3			月					
4	商品群名稱	數值	01	02	03	04	05	06
5	方便食品	2012	131,448	72,838	82,872	82,879	87,530	76,
6		2013	98,939	81,553	89,601	97,251	100,822	84,
7		2013/2012	75.27%	111.96%	108.12%	117.34%	115.19%	110
8		圖示項	●	●	●	●	●	●
9	零食	2012	32,393	34,835	42,064	41,727	59,911	29,
10		2013	22,964	25,313	30,937	26,001	36,711	15,
11		2013/2012	70.89%	72.67%	73.55%	62.31%	61.28%	53
12		圖示項	●	●	●	●	●	●
13	飲料	2012	105,575	109,663	101,768	70,333	91,512	96,
14		2013	115,783	92,132	100,282	103,763	99,500	81,
15		2013/2012	109.67%	84.01%	98.54%	147.53%	108.73%	84
16		圖示項	●	●	●	●	●	●
17								

▲ 圖 42 數據與圖示分作兩個儲存格顯示 -05

 結果詳見檔案「CH5-03 設定多條件下的圖示 02」之「樞紐分析表 - 更新 3」工作表。

5.4 設定多條件下的色階

類似於圖示的設定，樞紐分析表也常用色階設定。與上一章節「紅綠黃燈」相比，「紅綠黃燈」僅有「紅」、「綠」、「黃」三種色，而色階對於每一個不同的數據均顯示不同的色，色按照數據大小漸變排列。

「2013/2012」值以 95% 為中心，值越大色彩越綠，值越小色彩越紅，中間值用黃色過渡

❶ 打開檔案「CH5-04 設定多條件下的色階 01」之「樞紐分析表」工作表。

❷ 點擊工作列中「常用」按鍵，並點擊「設定格式化的條件→管理規則」。

❸ 在彈出的「設定格式化的條件規則管理員」對話方塊中，選擇「編輯規則」。

❹ 在彈出的「編輯格式化規則」對話方塊中「格式樣式」選擇「三色色階」。

▲ 圖 43 設定多條件下的色階 -01

❺「中間點類型」選擇「數值」，「值」鍵入「95%」。

❻ 點擊「確定」。

❼ 每個「2013/2012」值都由深淺不一的「紅、黃、綠」填色，這便是色階的利用。

	A	B	C	D	E	F	G	H
1								
2								
3			月					
4	商品群名稱	數值	01	02	03	04	05	06
5	方便食品	2012	131,448	72,838	82,872	82,879	87,530	76,8:
6		2013	98,939	81,553	89,601	97,251	100,822	84,9(
7		2013/2012	75.27%	111.96%	108.12%	117.34%	115.19%	110.!
8	零食	2012	32,393	34,835	42,064	41,727	59,911	29,3(
9		2013	22,964	25,313	30,937	26,001	36,711	15,7:
10		2013/2012	70.89%	72.67%	73.55%	62.31%	61.28%	53.
11	飲料	2012	105,575	109,663	101,768	70,333	91,512	96,1:
12		2013	115,783	92,132	100,282	103,763	99,500	81,6:
13		2013/2012	109.67%	84.01%	98.54%	147.53%	108.73%	84.:
14								

▲ 圖 44 設定多條件下的色階 -02

結果詳見檔案「CH5-04 設定多條件下的色階 02」之「樞紐分析表 - 更新」
工作表。

5.5
設定多條件下的橫條

除了用圖示和色階顯示，橫條顯示同樣常用，即用橫條長短表明數值大小。

 「2013/2012」值以 50% 為最小值、以 150% 為最大值，用橫條顯示

❶ 打開檔案「CH5-05 設定多條件下的橫條 01」之「樞紐分析表」工作表。

❷ 點擊工作列「常用」按鍵，並點擊「設定格式化的條件→管理規則→編輯規則」。

❸ 在彈出的「設定格式化的條件規則管理員」對話方塊中，選擇「編輯規則」。

❹ 在彈出的「編輯格式化規則」對話方塊中，「編輯規則說明」的「格式樣式」選擇「資料橫條」「最大值」的「類型」均選擇「數值」，在「最小值」的「值」欄位中鍵入「50%」，在「最大值」的「值」欄位中鍵入「150%」。

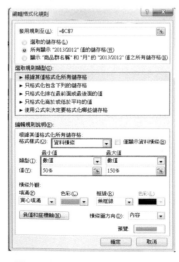

▲ 圖 45 設定多條件下的橫條 -01

❺ 依次在兩個對話方塊中點擊「確定」。

❻ 每個「2013/2012」值都有橫條根據值的大小顯示長度，這便是橫條的利用。

	A	B	C	D	E	F	G	H
1								
2								
3			月					
4	商品群名稱	數值	01	02	03	04	05	06
5	方便食品	2012	131,448	72,838	82,872	82,879	87,530	76,83
6		2013	98,939	81,553	89,601	97,251	100,822	84,96
7		2013/2012	75.27%	111.96%	108.12%	117.34%	115.19%	110.5
8	零食	2012	32,393	34,835	42,064	41,727	59,911	29,30
9		2013	22,964	25,313	30,937	26,001	36,711	15,73
10		2013/2012	70.89%	72.67%	73.55%	62.31%	61.28%	53.7
11	飲料	2012	105,575	109,663	101,768	70,333	91,512	96,12
12		2013	115,783	92,132	100,282	103,763	99,500	81,61
13		2013/2012	109.67%	84.01%	98.54%	147.53%	108.73%	84.9
14								

▲ 圖 46 設定多條件下的橫條 -02

結果詳見檔案「CH5-05 設定多條件下的橫條 02」之「樞紐分析表 - 更新」工作表。

5.6 實戰練習

以檔案「CH5-06 樞紐分析表的潤色」之「樞紐分析表」為基礎：

1. 2013 年與 2012 年的銷售金額比值大於 110% 時，用藍色字體顯示。

2. 成長率位於 90%~100% 時顯示綠色粗體字，且區間值設定為快速自動更新。

3. 對於「2013/2012」值小於「70%」的儲存格字體及外框用深紅色顯示。

   對於「2013/2012」值大於「120%」的儲存格字體及外框用深綠色顯示。

4. 「2013/2012」值超過 120% 時用綠旗表示，介於 70%~120% 時用黃旗表示，低於 70% 時用紅旗表示。

5. 將圖示旗幟與數據分作兩個儲存格顯示。

6. 「2013/2012」值以 100% 為中心，值越大色彩越紅，值越小色彩越綠，中間值用黃色過度。

7. 「2013/2012」值以 0 為最小值、以 150% 為最大值，用橫條顯示。

Note

6

樞紐分析圖的建立與運用

EXCEL 的既可以用報表整理數據，也可以用圖形整理數據。對於樞紐分析表而言，對應的便是樞紐分析圖。本章將介紹樞紐分析圖的製作方法及運用。

6.1 建立樞紐分析圖

之前的各章節都是將資料表製作成樞紐分析表，這一節將把資料表直接製作成樞紐分析圖。

 把資料表製作成樞紐分析圖

❶ 打開檔案「CH6-01 建立及設定樞紐分析圖 01」之「資料表」工作表。

❷ 選擇報表中任意存有資料的儲存格。

❸ 點擊工作列「插入」按鍵，並點擊「樞紐分析表→樞紐分析圖」。

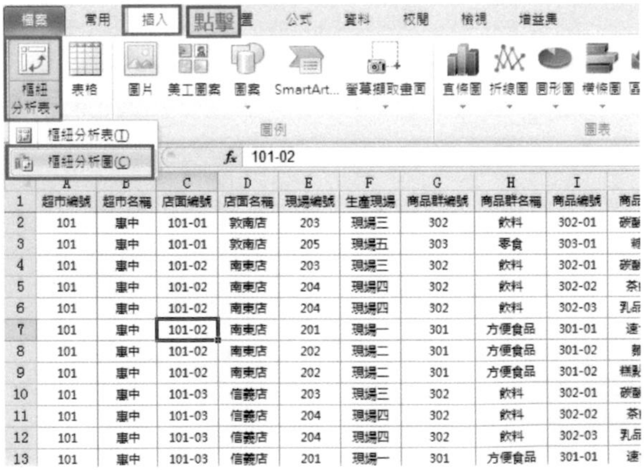

▲ 圖 1 建立樞紐分析圖 -01

❹ 在彈出的「建立具有樞紐分析圖的樞紐分析表」對話方塊中，確認「表格 / 範圍」為「資料表 !$A$1:$O$804」。

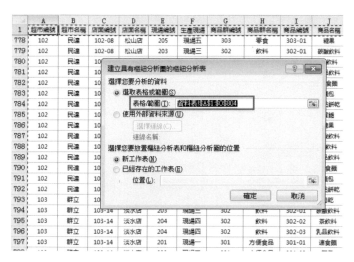

▲ 圖 2 建立樞紐分析圖 -02

❺ 點擊「確定」。

❻ EXCEL 產生「工作表 1」，包括「圖 3 建立樞紐分析圖 -03」左側的「樞紐
  分析表」，中間的「樞紐分析圖」、右側的「欄位區」和「設計區」。

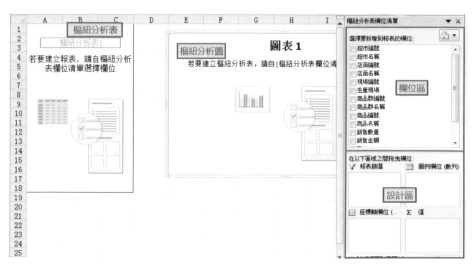

▲ 圖 3 建立樞紐分析圖 -03

❼ 按照「圖 4 建立樞紐分析圖 -04」設定「設計區」，則「工作表 1」中同時
產生樞紐分析表和樞紐分析圖。

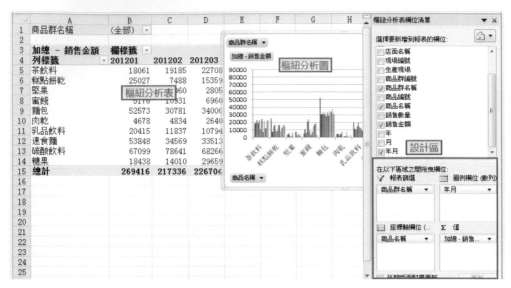

▲ 圖 4 建立樞紐分析圖 -04

❽ 選中「樞紐分析圖」。

❾ 點擊工作列「樞紐分析圖工具→設計」按鍵，並點擊「移動圖表」。

▲ 圖 5 建立樞紐分析圖 -05

⑩ 在彈出的「移動圖表」對話方塊中，選擇「新工作表」，在右側的欄位中鍵入「樞紐分析圖」。

▲ 圖 6 建立樞紐分析圖 -06

⑪ 點擊「確定」。

⑫ 樞紐分析圖顯示在單獨的工作表中，該工作表的名稱為「樞紐分析圖」。

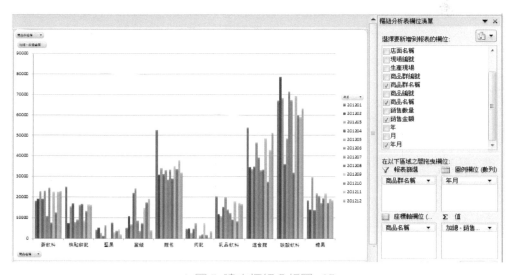

▲ 圖 7 建立樞紐分析圖 -07

結果詳見檔案「CH6-01 建立及設定樞紐分析圖 02」之「樞紐分析圖」工作表。

⑬ 將「工作表 1」重新命名為「樞紐分析表」。

6.2 設定樞紐分析圖

樞紐分析圖透過設定可以滿足我們各種表達需求。下面將介紹設定方法。

上例顯示的是直條圖，如何改成折線圖呢？

(目標) **變更圖表類型為折線圖**

❶ 打開檔案「CH6-01 建立及設定樞紐分析圖 02」之「樞紐分析圖」工作表。

❷ 選中樞紐分析圖。

❸ 點擊工作列「樞紐分析圖工具→設計」按鍵，並點擊「更改圖表類型」。

▲ 圖 8 變更圖表類型 -01

❹ 在彈出的「變更圖表類型」對話方塊中，點擊「折線圖」，選擇「折線圖」下的第 4 種圖形。

▲ 圖 9 變更圖表類型 -02

❺ 點擊「確定」。

❻ 樞紐分析圖的圖形變成折線圖了。

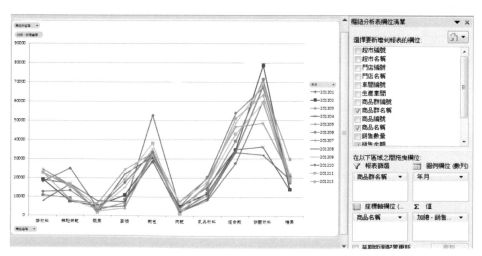

▲ 圖 10 變更圖表類型 -03

結果詳見檔案「CH6-01 建立及設定樞紐分析圖 03」之「樞紐分析圖 - 更改圖表類型」工作表。

上例中,水平軸顯示的是商品名稱,垂直軸顯示的是銷售金額,不同顏色的折線代表不同月份的銷售金額。我們也可以將水平軸調整為月份,不同顏色的折線調整為不同商品的銷售金額。

目標 變更圖形的座標軸

 ❶ 打開檔案「CH6-01 建立及設定樞紐分析圖 03」之「樞紐分析圖 - 更改圖表類型」工作表。

❷ 選中樞紐分析圖。

❸ 在「設計區」中,互換「商品名稱」和「年月」的位置。

▲ 圖 11 變更圖形的座標軸 -01

❹ 圖例欄位和橫軸欄位互換位置。

注意,對於同一個檔案中的各樞紐分析圖和樞紐分析表工作表,其欄標籤和列標籤是一致的,因此調整某一個工作表的欄標籤或列標籤,其餘工作表的欄標籤或列標籤會自動調整。

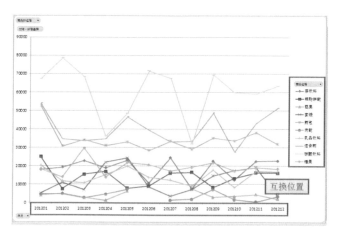

▲ 圖 12 變更圖形的座標軸 -02

 結果詳見檔案「CH6-01 建立及設定樞紐分析圖 04」之「樞紐分析圖 - 更改座標軸」工作表。

上例的圖形中，並沒有標題等圖表關鍵訊息。我們可以調整圖示佈局，增加圖表的訊息量。

 變更圖表佈局，增加訊息量

 ❶ 打開檔案「CH6-01 建立及設定樞紐分析圖 04」之「樞紐分析圖 - 更改座標軸」工作表。

❷ 點擊「樞紐分析圖工具→設計」按鍵，並點擊「圖表版面配置」，選擇其中的「版面配置 5」。

▲ 圖 13 變更圖表佈局 -01

❸ 圖表中多了「圖表標題」、「座標軸標題」、「運算列表」三個區域。

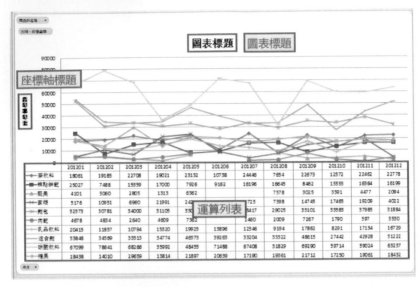

▲ 圖 14 變更圖表佈局 -02

❹ 點擊「圖表標題」，並鍵入「商品銷售金額統計」。

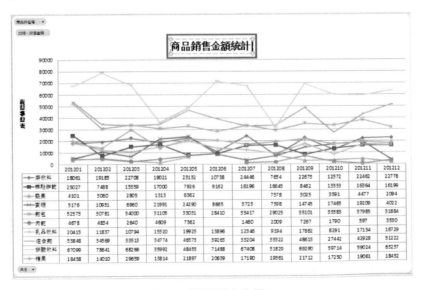

▲ 圖 15 變更圖表佈局 -03

❺ 點擊「座標軸標題」，並鍵入「銷售金額」。

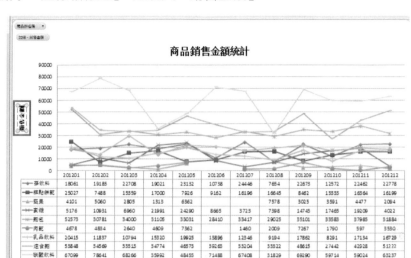

▲ 圖 16　變更圖表佈局 -04

❻ 點擊工作列「樞紐分析圖工具→版面配置」按鍵，並點擊「座標軸標題→主垂直軸標題→水平標題」。

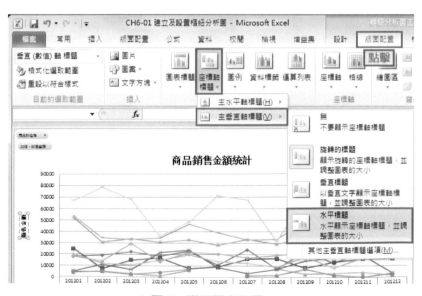

▲ 圖 17　變更圖表佈局 -05

❼ 座標軸標題改為水平顯示。

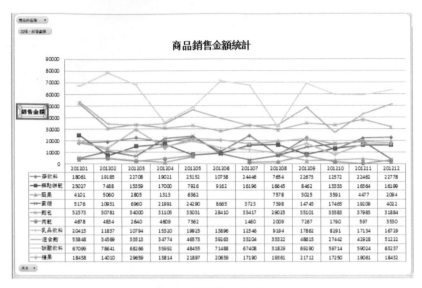

▲ 圖 18 變更圖表佈局 -06

❽ 選中座標軸標題「銷售金額」。

❾ 按住並將標題拖移至垂直座標軸的上方。

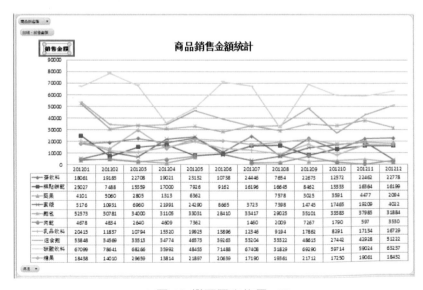

▲ 圖 19 變更圖表佈局 -07

⑩ 點擊「樞紐分析圖工具→版面配置」按鍵，並點擊「運算列表→無」。

▲ 圖 20 變更圖表佈局 -08

⑪ 運算列表不見了，只留有「年月」的訊息。

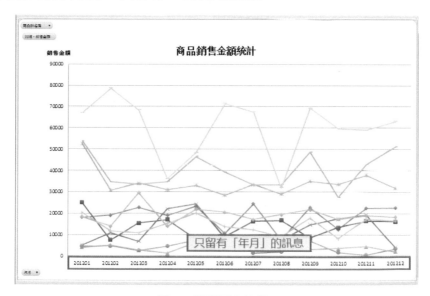

▲ 圖 21 變更圖表佈局 -09

⑫ 點擊工作列「樞紐分析圖工具→版面配置」按鍵，並點擊「座標軸標題→主水平軸標題→座標軸下方的標題」。

▲ 圖 22 變更圖表佈局 -10

⑬ 點擊「座標軸標題」並鍵入「年月」。

⑭ 將「座標軸標題」移動到水平軸的右側。

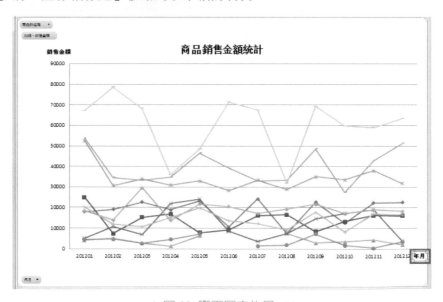

▲ 圖 23 變更圖表佈局 -11

⑮ 點擊工作列「樞紐分析圖工具→版面配置」按鍵，並點擊「圖例→在下方顯示圖例」。

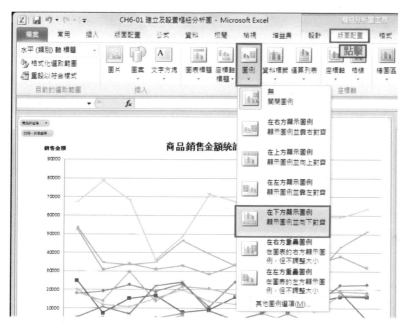

▲ 圖 24 變更圖表佈局 -12

⑯ 圖例顯示在圖形的下方。

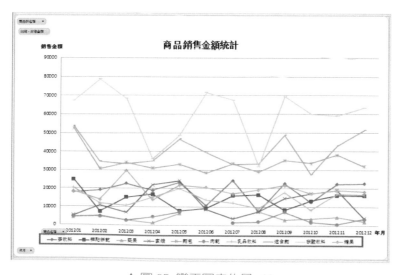

▲ 圖 25 變更圖表佈局 -13

⑰ 點擊工作列「樞紐分析圖工具→設計」按鍵，並點擊「圖表樣式 4」。

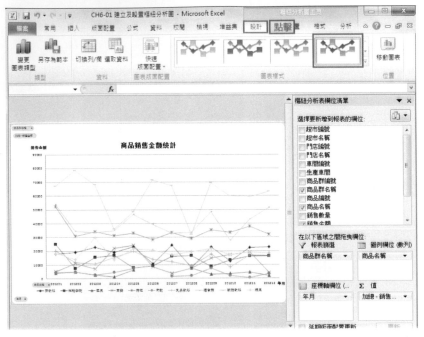

▲ 圖 26 變更圖表佈局 -14

⑱ 線圖顯示為紅色樣式。

⑲ 右鍵點擊最上方的線條，選擇「資料數列格式」。

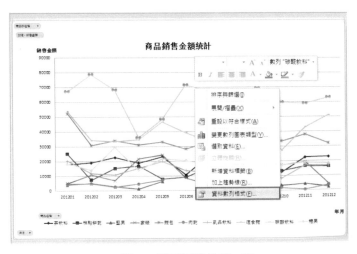

▲ 圖 27 變更圖表佈局 -15

⑳ 在彈出的「資料數列格式」對話方塊中，點擊「線條色彩」，選擇「實心線條」，「色彩」選擇「紅色」。

▲ 圖 28 變更圖表佈局 -16

㉑ 點擊「線條樣式」，「寬度」選擇「5pt」。

▲ 圖 29 變更圖表佈局 -17

㉒ 點擊「確定」。結果如「圖 30 變更圖表佈局 -18」所示。

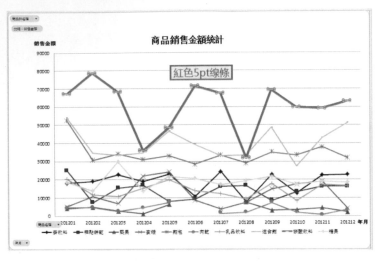

▲ 圖 30 變更圖表佈局 -18

㉓ 點擊工作列「樞紐分析圖工具→版面配置」按鍵,並點擊「繪圖區→其他繪圖區選項」。

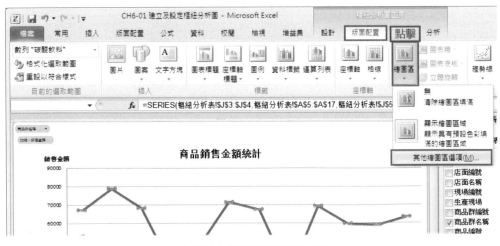

▲ 圖 31 變更圖表佈局 -19

㉔ 在彈出的「繪圖區格式」對話方塊中，點擊「填滿」，選擇「實心填滿」。

㉕「填滿色彩」選擇「淺灰色」。

▲ 圖 32 變更圖表佈局 -20

㉖ 點擊「確定」。圖形背景顯示為淺灰色。

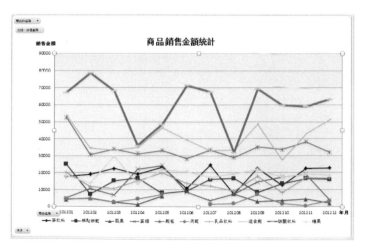

▲ 圖 33 變更圖表佈局 -21

 結果詳見檔案「CH6-01 建立及設定樞紐分析圖 05」之「樞紐分析圖 - 更改圖表佈局」工作表。

6.3 運用樞紐分析圖

樞紐分析表可以根據不同的需要來分析資料，樞紐分析圖也可以經過設定實現不同的需求。下面將介紹樞紐分析圖的運用。

樞紐分析圖與樞紐分析表一樣，具有篩選資料的工具。假設我們僅需顯示「零食」，如何操作呢？

 篩選商品群名稱（方法1）

❶ 打開檔案「CH6-02 運用樞紐分析圖 01」之「樞紐分析圖」工作表。

❷ 點擊樞紐分析圖左上角「商品群名稱」篩選項，選擇「零食」。

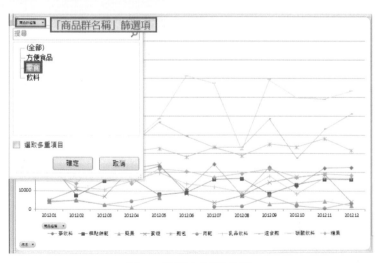

▲ 圖 34 篩選商品群名稱 -01

❸ 點擊「確定」。樞紐分析圖上僅顯示商品群「零食」下的 4 項商品的線形。

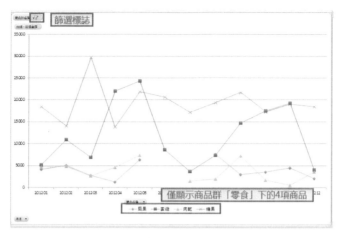

▲ 圖 35 篩選商品群名稱 -02

 結果詳見檔案「CH6-02 運用樞紐分析圖 02」之「樞紐分析圖 - 篩選 1」工作表。

 篩選商品群名稱（方法 2）

 ❶ 打開檔案「CH6-02 運用樞紐分析圖 01」之「樞紐分析圖」工作表。

❷ 保持「商品群名稱」為全部商品群。

❸ 在圖例「商品名稱」處選擇「糖果」、「蜜餞」、「堅果」和「肉乾」。

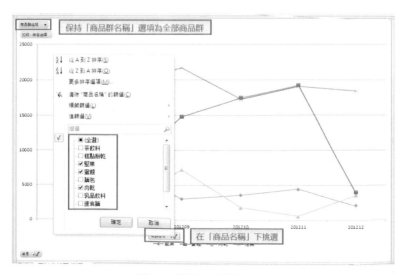

▲ 圖 36 篩選商品群名稱 -03

❸ 點擊「確定」。結果同樣僅顯示 4 項商品的線形。只是篩選標記 從「商品群名稱」處移到了「商品名稱」處。

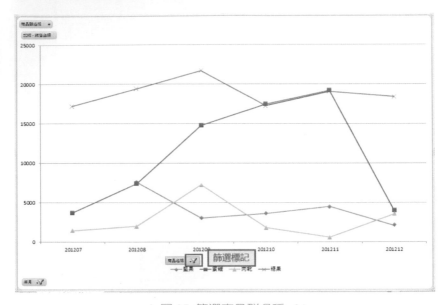

▲ 圖 37 篩選商品群名稱 -04

 結果詳見檔案「CH6-02 運用樞紐分析圖 03」之「樞紐分析圖 - 篩選 2」工作表。

除了篩選「商品名稱」，也可以篩選「年月」。

目標 篩選年月

 ❶ 打開檔案「CH6-02 運用樞紐分析圖 03」之「樞紐分析圖 - 篩選 2」工作表。

❷ 點擊左下角「年月」的下拉選單鍵，並勾選「201207~201212」。

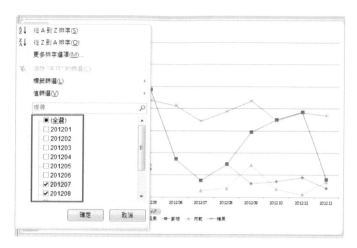

▲ 圖 38 篩選年月 -01

❸ 點擊「確定」。圖上僅顯示 2012 年 7 月 ~12 月的商品群「零食」下 4 個商
品的訊息。

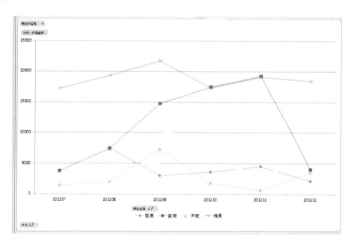

▲ 圖 39 篩選年月 -02

結果詳見檔案「CH6-02 運用樞紐分析圖 04」之「樞紐分析圖 - 篩選 3」工
作表。

如果我們希望顯示資料的具體值，除了增加「運算列表」的方法之外，也可
以增加「資料標籤」。

目標 **增加資料標籤**

❶ 打開檔案「CH6-02 運用樞紐分析圖 04」之「樞紐分析圖 - 篩選 3」工作表。

❷ 選中樞紐分析圖。

❸ 點擊「樞紐分析圖工具→版面配置」按鍵，並點擊「資料標籤→上」。

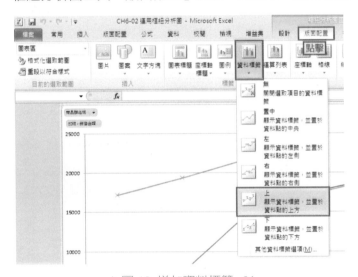

▲ 圖 40 增加資料標籤 -01

❹ 圖形的具體數值顯示在圖上。

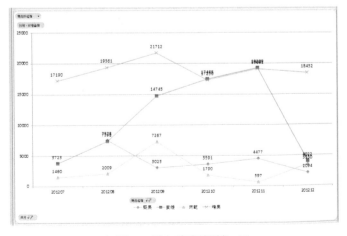

▲ 圖 41 增加資料標籤 -02

❺ 對於資料標籤重疊之處，選中相對應標籤並移動，直至資料標籤彼此間不重疊。

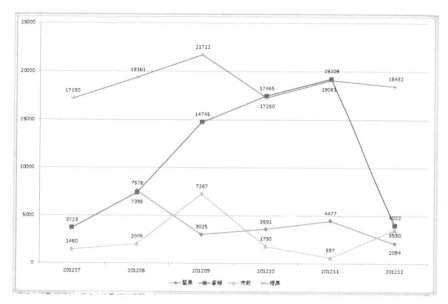

▲ 圖 42 增加資料標籤 -03

 結果詳見檔案「CH6-02 運用樞紐分析圖 05」之「樞紐分析圖 - 資料標籤」工作表。

6.4 其他圖表類型的建立和運用

EXCEL 附帶的圖表類型是多種多樣的。本章節出現過的直條圖和折線圖是極為常用的圖表類型，其他常用的圖表類型還包括圓形圖、橫條圖，等等，如「圖 43 常用的圖表類型」所示。

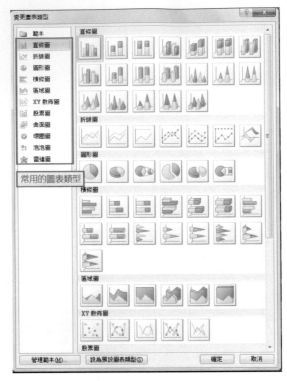

▲ 圖 43 常用的圖表類型

另外，樞紐分析圖的製作，除了透過資料表直接產生樞紐分析圖外，也可以透過樞紐分析表產生樞紐分析圖。

「CH6-03 其他圖表類型的建立和運用 01」包含了資料表和樞紐分析表，我們直接利用樞紐分析表製作樞紐分析圖。

目標　建立各月份的銷售金額橫條圖

❶ 打開檔案「CH6-03 其他圖表類型的建立和運用 01」之「樞紐分析表」工作表。

❷ 選中「樞紐分析表」工作表中的任意儲存格。

❸ 點擊「樞紐分析表工具→選項」按鍵，並點擊「工具→樞紐分析圖」。

▲ 圖 44 建立各月份的銷售金額橫條圖 -01

❹ 在彈出的「插入圖表」對話方塊中，點擊「橫條圖」，並選擇第 2 個類型—「橫條圖」。

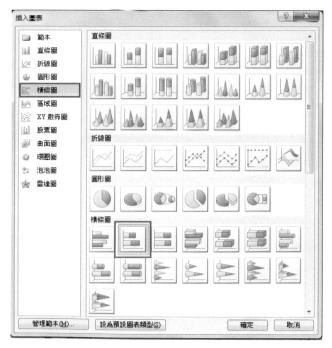

▲ 圖 45 建立各月份的銷售金額橫條圖 -02

❺ 點擊「確定」。橫條圖產生了，顯示 201201~201212 各月各商品群的銷售金額。

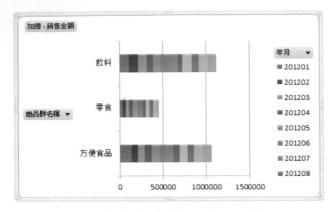

▲ 圖 46　建立各月份的銷售金額橫條圖 -03

❻ 點擊樞紐分析圖右上角「年月」的下拉選單鍵，勾選「201207」。

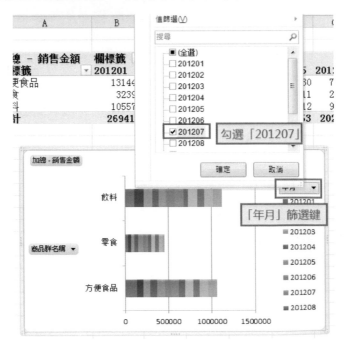

▲ 圖 47　建立各月份的銷售金額橫條圖 -04

❼ 橫條圖上僅顯示 201207 的數據。

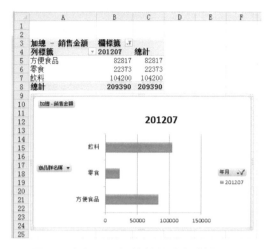

▲ 圖 48 建立各月份的銷售金額橫條圖 -05

 結果詳見檔案「CH6-03 其他圖表類型的建立和運用 02」之「樞紐分析圖」工作表。

 修改圓形圖的顯示佈局

 ❶ 打開檔案「CH6-03 其他圖表類型的建立和運用 02」之「樞紐分析圖」工作表。

❷ 點擊樞紐分析圖中「年月」的下拉選單鍵，選擇「全選」。

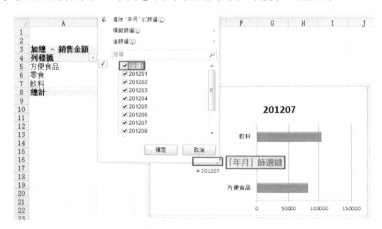

▲ 圖 49 修改圓形圖的顯示佈局 -06

❸ 點擊「確定」。

❹ 選中樞紐分析圖。

❺ 點擊工作列「樞紐分析圖工具→版面配置」按鍵，並點擊「圖例→在左方顯示圖例」。

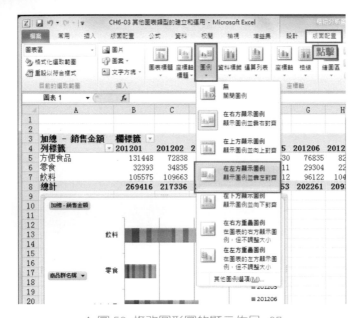

▲ 圖 50 修改圓形圖的顯示佈局 -07

❻ 圖例從樞紐分析圖的右方轉移到左方了。

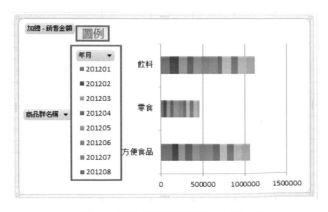

▲ 圖 51 修改圓形圖的顯示佈局 -08

注意,「圖例」的選項中有一項為「在左方重置圖例」。

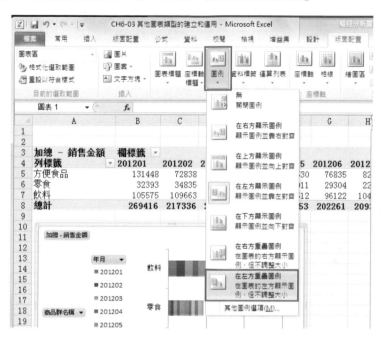

▲ 圖 52 修改圓形圖的顯示佈局 09

該選項的確將圖例移到左方,但圖形區不會為圖例挪出位置,圖形區的左側邊線仍舊停留在原位,導致圖例與圖形區部分重疊。

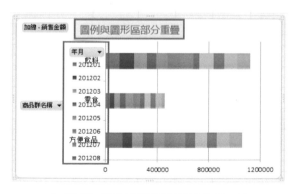

▲ 圖 53 修改圓形圖的顯示佈局 -10

❼ 右鍵點擊圖例，選擇「字型」。

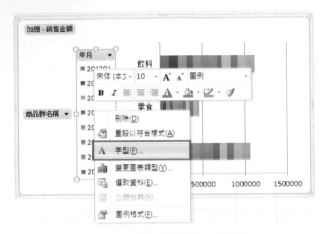

▲ 圖 54 修改圓形圖的顯示佈局 -11

❽ 在彈出的「字型」對話方塊中，點擊「字型」。

❾「字體樣式」選擇「粗斜體」。

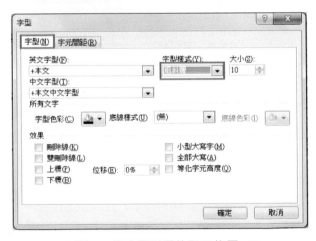

▲ 圖 55 修改圓形圖的顯示佈局 -12

⑩ 圖例的字型加粗且變斜了。

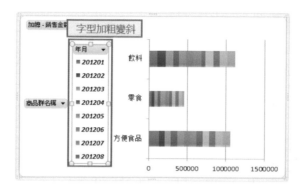

▲ 圖 56 修改圓形圖的顯示佈局 -13

⑪ 點擊樞紐分析圖中「年月」的下拉選單鍵,選擇「201207」,並點擊「確定」。

⑫ 點擊工作列「數據分析圖工具→版面配置」按鍵,並點擊「資料標籤→基底內側」。

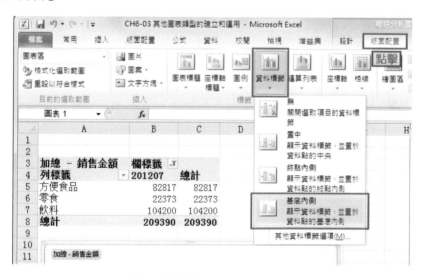

▲ 圖 57 修改圓形圖的顯示佈局 -14

⑬ 相關數據顯示於圖形上了。

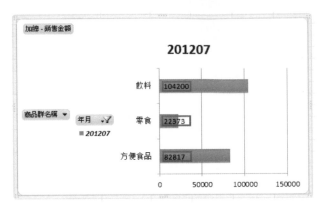

▲ 圖 58 修改圓形圖的顯示佈局 -15

⑭ 右鍵點擊「資料標籤」，選擇「資料標籤格式」。

⑮ 在彈出的「資料標籤格式」對話方塊中，點擊「填滿」，選擇「實心填滿」。

⑯「色彩」選擇「白色」，在「透明」右側的欄位中鍵入「50%」。

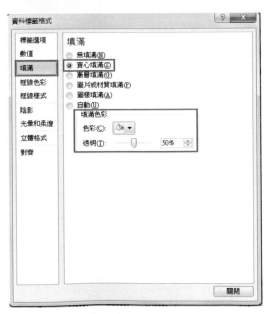

▲ 圖 59 修改圓形圖的顯示佈局 -16

⑰ 點擊「確定」。資料標籤清晰地顯示在圖表上。

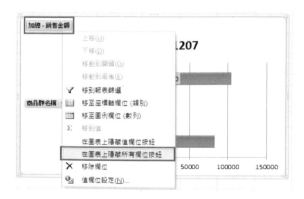

▲ 圖 60 修改圓形圖的顯示佈局 -17

 結果詳見檔案「CH6-03 其他圖表類型的建立和運用 03」之「修改佈局」工作表。

如果只想顯示橫條圖，而忽略其他所有的標籤項，如何操作呢？

 隱藏橫條圖標籤

 ❶ 打開檔案「CH6-03 其他圖表類型的建立和運用 03」之「修改佈局」工作表。

❷ 在樞紐分析圖上，右鍵點擊左上角標籤項「加總：銷售金額」，選擇「在圖表上隱藏所有欄位按鈕」。

▲ 圖 61 隱藏橫條圖標籤 -01

❸ 圖表上所有的標籤都消失了。

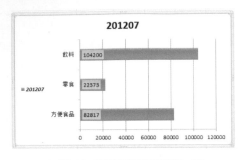

▲ 圖 62 隱藏橫條圖標籤 -02

 結果詳見檔案「CH6-03 其他圖表類型的建立和運用 04」之「隱藏標籤」工作表。

上例中，工作表中僅顯示了一個月份的圓形圖，我們可以在工作表中同時顯示兩個月份的圓形圖。

目標 **同一張工作表中同時顯示橫條圖和餅圖，並顯示同一個月的數據**

 ❶ 打開檔案「CH6-03 其他圖表類型的建立和運用 04」之「隱藏標籤」工作表。

❷ 將已產生的樞紐分析圖下移，挪出空間放第二張樞紐分析圖對應的樞紐分析表。

❸ 複製已產生的樞紐分析表，貼到挪出的空間處。

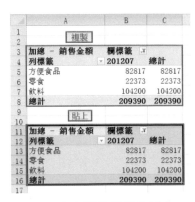

▲ 圖 63 產生雙份樞紐分析表 -01

❹ 選中第二張樞紐分析表的任意儲存格。

❺ 點擊「樞紐分析表工具→選項」按鍵，並點擊「工具→樞紐分析圖」。

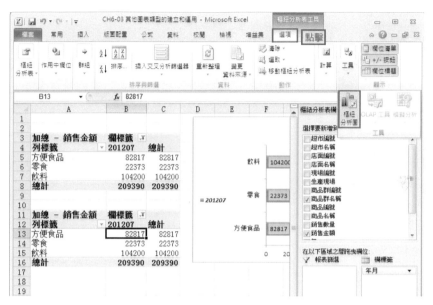

▲ 圖 64 產生雙份樞紐分析表 -02

❻ 在彈出的「插入圖表」對話方塊中，點擊「圓形圖」，選擇第 1 個類型。

▲ 圖 65 產生雙份樞紐分析表 -03

❼ 點擊「確定」。第二張樞紐分析圖產生了。

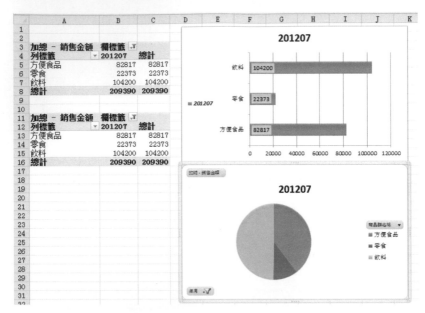

▲ 圖 66 產生雙份樞紐分析表 -04

 結果詳見檔案「CH6-03 其他圖表類型的建立和運用 05」之「產生雙份樞紐分析表」工作表。

注意，圓形圖和橫條圖具有不同的特性。圓形圖的圖例為「商品群名稱」，顯示的訊息只能是某個月的數據，不能同時顯示兩個或以上月份的數據。橫條圖的圖例是「年月」，可同時顯示多個月份的訊息。

6.5 實戰練習

以檔案「CH6-04 建立及設定樞紐分析圖」之「資料表」為基礎：

1. 把資料表製作成樞紐分析圖（直條圖），顯示各年月各商品的銷售數量。

2. 變更圖表類型為折線圖。

3. 變更圖形的座標軸，橫軸顯示年月，縱軸顯示各商品的銷售數量。

4. 增加「商品群名稱」為篩選項，篩選「商品群名稱」。

5. 同一張工作表中同時顯示直條圖和折線圖，並顯示同一個月的數據。

Note

7

動態樞紐分析圖

在樞紐分析表的使用過程中,我們常會遇到以下兩種情況。

1. 根據資料表製作完成樞紐分析表以後,又有新的資料補充到資料表後續的列中。

2. 原有的資料表中,需要增設新的欄,顯示新的屬性欄位。

此時,一般的做法是,利用樞紐分析表工具中的「變更資料來源」選項,重新選擇樞紐分析表的資料來源,以此刷新樞紐分析表。但若每次都要這樣做,會很麻煩。

其實,可以利用「動態樞紐分析表」解決這類問題。建立「動態樞紐分析表」之後,資料表中一旦增加了列或欄,只需簡單地按下一鍵更新樞紐分析表,而不用依賴「變更資料來源」選項。

7.1 非動態樞紐分析表的資料更新

當資料表新增了列或欄,非動態樞紐分析表的資料更新,需透過樞紐分析表工具中的「變更資料來源」選項來實現。

 目標 更新非動態樞紐分析表的資料

STEP 01 建立各超市、各商品群在 2012 年各月的銷售金額資料。

❶ 打開檔案「CH7-01 非動態樞紐分析表的更新 01」之「資料表」工作表。

❷ 選擇報表中任意存有資料的儲存格。

❸ 點擊工作列「插入」按鍵,並點擊「樞紐分析表→樞紐分析表」。

❹ 在彈出的「建立樞紐分析表」對話方塊中,確認「表格 / 範圍」為「資料表 !$A$1:$N$804」。

❺ 點擊「確定」。

❻ 在產生的「工作表 1」中，按照「圖 1 非動態樞紐分析表的資料更新 -01」設定「設計區」。「列標籤」依次設定為「年月」，「欄標籤」設定為「超市名稱」、「商品群名稱」，「∑ 值」設定為「加總 - 銷售金額」。

▲ 圖 1 非動態樞紐分析表的資料更新 -01

結果詳見檔案「CH7-01 非動態樞紐分析表的更新 01」之「非動態樞紐分析表」工作表。

❼ 將「工作表 1」工作表更名為「非動態樞紐分析表」。

STEP 02 資料表增加新的記錄，並更新樞紐分析表。

❶ 打開檔案「CH7-01 非動態樞紐分析表的更新 02」之「資料表 - 更新」工作表。

❷「資料表 - 更新」工作表的第 805 列 ~1206 列，是新增的 2013 年記錄。

1	A 超市編號	B 超市名稱	C 店面編號	D 店面名稱	E 現場編號	F 生產現場	G 商品群編號	H 商品群名稱	I 商品編號	J 商品名稱	K 銷售數量	L 銷售金額	M 年	N 月	O 年月
795	103	群立	103-14	淡水店	204	現場四	302	飲料	302-02	茶飲料	53	2,614	2012	12	201212
796	103	群立	103-14	淡水店	204	現場四	302	飲料	302-03	乳品飲料	78	3,902	2012	12	201212
797	103	群立	103-14	淡水店	201	現場一	301	方便食品	301-01	速食麵	104	5,026	2012	12	201212
798	103	群立	103-14	淡水店	202	現場二	301	方便食品	301-02	麵包	44	4,061	2012	12	201212
799	103	群立	103-12	圓山店	203	現場三	302	飲料	302-01	碳酸飲料	84	4,294	2012	12	201212
800	103	群立	103-12	圓山店	204	現場四	302	飲料	302-02	茶飲料	33	1,624	2012	12	201212
801	103	群立	103-12	圓山店	204	現場四	302	飲料	302-03	乳品飲料	73	3,458	2012	12	201212
802	103	群立	103-12	圓山店	201	現場一	301	方便食品	301-01	速食麵	81	4,680	2012	12	201212
803	103	群立	103-12	圓山店	202	現場二	301	方便食品	301-02	麵包	14	1,204	2012	12	201212
804	103	群立	103-12	圓山店	202	現場二	301	方便食品	301-03	糕點餅乾	22	1,354	2012	12	201212
805	101	惠中	101-01	敦南店	203	現場三	302	飲料	302-01	碳酸飲料	215	8,640	2013	01	201301
806	101	惠中	101-01	敦南店	204	現場四	302	飲料	302-02	茶飲料	187	8,008	2013	01	201301
807	101	惠中	101-01	敦南店	204	現場四	302	飲料	302-03	乳品飲料	97	3,440	2013	01	201301
808	101	惠中	101-01	敦南店	202	現場二	301	方便食品	301-02	麵包	76	5,423	2013	01	201301
809	101	惠中	101-01	敦南店	202	現場二	301	方便食品	301-03	糕點餅乾	40	5,724	2013	01	201301
810	101	惠中	101-02	南東店	205	現場五	303	零食	303-01	糖果	45	5,278	2013	01	201301
811	101	惠中	101-02	南東店	203	現場三	302	飲料	302-01	碳酸飲料	133	4,548	2013	01	201301
812	101	惠中	101-02	南東店	204	現場四	302	飲料	302-02	茶飲料	90	3,702	2013	01	201301
813	101	惠中	101-02	南東店	204	現場四	302	飲料	302-03	乳品飲料	45	1,540	2013	01	201301
814	101	惠中	101-02	南東店	201	現場一	301	方便食品	301-01	速食麵	8	592	2013	01	201301

▲ 圖 2 非動態樞紐分析表的資料更新 -02

❸ 複製「非動態樞紐分析表」工作表到新的工作表，並將新的工作表重新命名為「非動態樞紐分析表 - 更新」。「非動態樞紐分析表 - 更新」工作表中的樞紐分析表，將對應「資料表 - 更新」工作表的所有記錄。

❹ 在「非動態樞紐分析表 - 更新」工作表中，點擊工作列「樞紐分析表工具→選項」按鍵，並點擊「變更資料來源」。

▲ 圖 3 非動態樞紐分析表的資料更新 -03

❺ 在彈出的「變更樞紐分析表資料來源」對話方塊中，將「表格 / 範圍」由
「資料表 !$A$1:$O$804」改寫為「資料表 !$A$1:$O$1206」，即包括新增
的第 805 列 ~1206 列。

▲ 圖 4 非動態樞紐分析表的資料更新 -04

❻ 點擊「確定」。

❼ 比對「非動態樞紐分析表」工作表中的樞紐分析表，「非動態樞紐分析表 -
更新」工作表中的樞紐分析表，新增了第 18 列 ~ 第 23 列，即 2013 年的
資料。

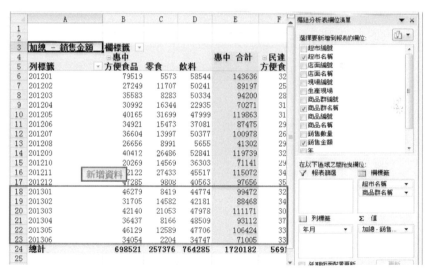

▲ 圖 5 非動態樞紐分析表的資料更新 -05

 結果詳見檔案「CH7-01 非動態樞紐分析表的更新 02」之「非動態樞紐分析
表 - 更新」工作表。

⑧ 打開「非動態樞紐分析表」工作表，選中樞紐分析表中任意儲存格。

⑨ 右鍵點擊該儲存格，選擇「重新整理」。

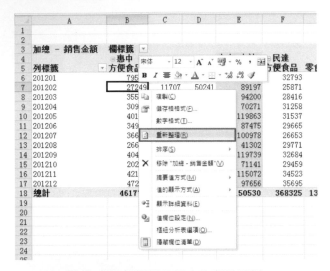

▲ 圖6　非動態樞紐分析表的資料更新 -06

⑩ 樞紐分析表無任何改變。這是因為，樞紐分析表所認定的「資料來源」仍舊為「資料表 - 更新」的第 1 列至第 804 列。因此，只能透過上述 ❶ ~ ❼ 步驟，更新樞紐分析表。

7.2 第一列應是標題名稱

當資料表新增列或欄，動態樞紐分析表可以隨之快速更新。下面將運用「表格」功能建立動態樞紐分析表。

運用「表格」功能建立動態樞紐分析表

STEP 01 建立動態樞紐分析表。

 ❶ 打開檔案「CH7-02 運用表格功能建立動態樞紐分析表 01」之「資料表」工作表。

❷ 選擇報表中任意存有資料的儲存格。

❸ 點擊工作列「插入」按鍵,並點擊「表格」。

▲ 圖 7 運用表格功能建立動態樞紐分析表 -01

❹ 在彈出的「建立表格」對話方塊中,確認「請問表格的資料來源」為「$A$1:$O$804」。

▲ 圖 8 運用表格功能建立動態樞紐分析表 -02

❺ 點擊「確定」。樞紐分析表中增加「篩選」標記。

▲ 圖 9　運用表格功能建立動態樞紐分析表 -03

❻ 點擊工作列「公式」按鍵，並點擊「名稱管理員」。

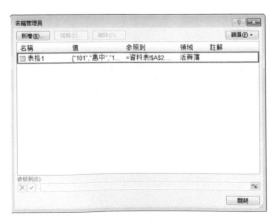

▲ 圖 10　運用表格功能建立動態樞紐分析表 -04

❼ 在彈出的「名稱管理員」對話方塊中，名稱「表格 1」即對應「資料表」
工作表的 A1~O804 儲存格。

▲ 圖 11　運用表格功能建立動態樞紐分析表 -05

⑧ 點擊「關閉」。

⑨ 點擊工作列「插入」按鍵,並點擊「樞紐分析表→樞紐分析表」。

⑩ 在彈出的「建立樞紐分析表」對話方塊中,確認「表格 / 範圍」為「表格 1」, 即「資料表」工作表的 A1~O804 儲存格。

▲ 圖 12 運用表格功能建立動態樞紐分析表 -06

⑪ 點擊「確定」。

⑫ 在產生的「工作表 1」中,按照「圖 13 運用表格功能建立動態樞紐分析 表 -07」設定「設計區」。「列標籤」依次設定為「年月」,「欄標籤」設定 為「超市名稱」、「商品群名稱」,「∑ 值」設定為「加總 - 銷售金額」。

該設定,與 7.1 章節的範例設定相同。

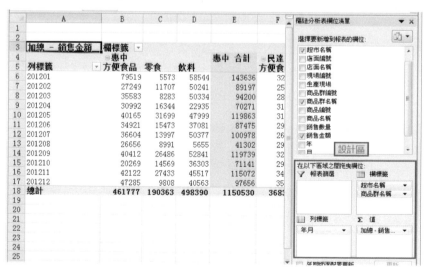

▲ 圖 13 運用表格功能建立動態樞紐分析表 -07

結果詳見檔案「CH7-02 運用表格功能建立動態樞紐分析表 01」之「動態樞紐分析表」工作表。

⑬ 將「工作表 1」工作表更名為「動態樞紐分析表」。

STEP 02 資料表增加新的記錄，並更新樞紐分析表。

 ❶ 打開檔案「CH7-02 運用表格功能建立動態樞紐分析表 01」之「資料表」工作表。

❷ 選中 A804~O804 儲存格。

❸ 點擊 O804 儲存格右下角的黑色小方塊，下拉至第 1206 列。

	A 超市編號	B 超市名稱	C 店園編號	D 店園名稱	E 現場編號	F 生產現場	G 商品群編號	H 商品群名稱	I 商品編號	J 商品名稱	K 銷售數量	L 銷售金額	M 年	N 月	O 年月
799	103	群立	103-12	園山店	203	現場三	302	飲料	302-01	碳酸飲料	84	4,294	2012	12	201212
800	103	群立	103-12	園山店	204	現場四	302	飲料	302-02	茶飲料	33	1,624	2012	12	201212
801	103	群立	103-12	園山店	204	現場四	302	飲料	302-03	乳品飲料	73	3,458	2012	12	201212
802	103	群立	103-12	園山店	201	現場一	301	方便食品	301-01	速食麵	81	4,680	2012	12	201212
803	103	群立	103-12	園山店	202	現場二	301	方便食品	301-02	麵包	14	1,204	2012	12	201212
804	103	群立	103-12	園山店	202	現場二	301	方便食品	301-03	糕點餅乾	22	1,354	2012	12	201212
805															點擊並下拉至第1206列
806															

▲ 圖 14 運用表格功能建立動態樞紐分析表 -08

❹ 複製檔案「CH7-01 非動態樞紐分析表的更新 02」之「資料表 - 更新」工作表的第 805 列～第 1206 列。

❺ 在「CH7-02 運用表格功能建立動態樞紐分析表 01」之「資料表」工作表的第 805 列～第 1206 列中，貼上所複製的資料。

「資料表」工作表的第 805 列～1206 列，是新增的 2013 年記錄。

	A 超市編號	B 超市名稱	C 店園編號	D 店園名稱	E 現場編號	F 生產現場	G 商品群編號	H 商品群名稱	I 商品編號	J 商品名稱	K 銷售數量	L 銷售金額	M 年	N 月	O 年月
800	103	群立	103-12	園山店	204	現場四	302	飲料	302-02	茶飲料	33	1,624	2012	12	201212
801	103	群立	103-12	園山店	204	現場四	302	飲料	302-03	乳品飲料	73	3,458	2012	12	201212
802	103	群立	103-12	園山店	201	現場一	301	方便食品	301-01	速食麵	81	4,680	2012	12	201212
803	103	群立	103-12	園山店	202	現場二	301	方便食品	301-02	麵包	14	1,204	2012	12	201212
804	103	群立	103-12	園山店	202	現場二	301	方便食品	301-03	糕點餅乾	22	1,354	2012	12	201212
805	101	事中	101-01	敦南店	203	現場三	302	飲料	302-01	碳酸飲料	215	8,640	2013	01	201301
806	101	事中	101-01	敦南店	204	現場四	302	飲料	302-02	茶飲料	187	8,008	2013	01	201301
807	101	事中	101-01	敦南店	204	現場四	302	飲料	302-03	乳品飲料	97	3,440	2013	01	201301
808	101	事中	101-01	敦南店	201	現場一	301	方便食品	301-02	麵包	76	5,423	2013	01	201301
809	101	事中	101-01	敦南店	202	現場二	301	方便食品	301-03	糕點餅乾	40	5,724	2013	01	201301
810	101	事中	101-02	南東店	205	現場五	303	零食	303-01	糖果	45	5,278	2013	01	201301
811	101	事中	101-02	南東店	203	現場三	302	飲料	302-01	碳酸飲料	133	4,548	2013	01	201301
812	101	事中	101-02	南東店	204	現場四	302	飲料	302-02	茶飲料	90	3,702	2013	01	201301
813	101	事中	101-02	南東店	204	現場四	302	飲料	302-03	乳品飲料	45	1,540	2013	01	201301
814	101	事中	101-02	南東店	201	現場一	301	方便食品	301-01	速食麵	8	592	2013	01	201301
815	101	事中	101-02	南東店	202	現場二	301	方便食品	301-02	麵包	76	6,840	2013	01	201301
816	101	事中	101-02	南東店	202	現場二	301	方便食品	301-03	糕點餅乾	52	5,990	2013	01	201301
817	101	事中	101-03	信義店	206	現場六	303	零食	303-02	蛋糕	6	837	2013	01	201301
818	101	事中	101-03	信義店	205	現場五	303	零食	303-01	糖果	12	1,351	2013	01	201301
819	101	事中	101-03	信義店	203	現場三	302	飲料	302-01	碳酸飲料	47	2,488	2013	01	201301
820	101	事中	101-03	信義店	204	現場四	302	飲料	302-02	茶飲料	56	2,442	2013	01	201301
821	101	事中	101-03	信義店	204	現場四	302	飲料	302-03	乳品飲料	33	1,522	2013	01	201301
822	101	事中	101-03	信義店	201	現場一	301	方便食品	301-01	速食麵	40	2,451	2013	01	201301

▲ 圖 15 運用表格功能建立動態樞紐分析表 -08

結果詳見檔案「CH7-02 運用表格功能建立動態樞紐分析表 02」之「資料表 - 更新」工作表。

❻ 打開檔案「CH7-02 運用表格功能建立動態樞紐分析表 02」之「資料表 - 更新」工作表。

❼ 點擊工作列「公式」按鍵,並點擊「名稱管理員」。

❽ 在彈出的「名稱管理員」對話方塊中,名稱「表格 1」自動更新為對應「資料表」工作表的 A1~O1206 儲存格。

這就是動態樞紐分析表的特殊之處,當資料表增加新的紀錄後,樞紐分析表的統計範圍自動更新。

▲ 圖 16 運用表格功能建立動態樞紐分析表 -09

❾ 複製「動態樞紐分析表」工作表到新的工作表,並將新的工作表重新命名為「動態樞紐分析表 - 更新」。「動態樞紐分析表 - 更新」工作表中的樞紐分析表,將對應「資料表 - 更新」工作表的所有記錄。

❿ 在「動態樞紐分析表 - 更新」工作表中,選中樞紐分析表中任意儲存格。

⓫ 右鍵點擊「重新整理」。

⓬ 樞紐分析表中新增了第 18 列 ~ 第 23 列,即 2013 年的資料。

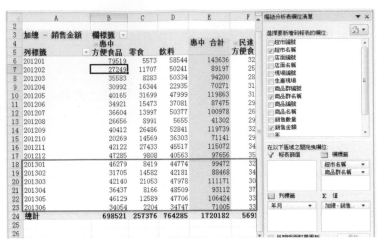

▲ 圖 17 運用表格功能建立動態樞紐分析表 -10

 結果詳見檔案「CH7-02 運用表格功能建立動態樞紐分析表 02」之「動態樞紐分析表 - 更新」工作表。

⓭ 當然,如果利用樞紐分析表工具中的「變更資料來源」功能,得到的結果與「圖 17 運用表格功能建立動態樞紐分析表 -10」是完全一致的。且「變更樞紐分析表資料來源」對話方塊中的「表格 / 範圍」,已由「資料表 !$A$1:$O$804」自動更新為「資料表 !$A$1:$O$1206」。

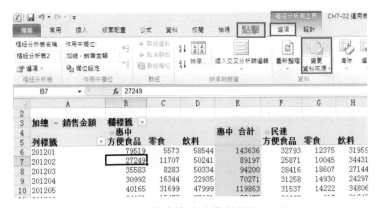

▲ 圖 18 運用表格功能建立動態樞紐分析表 -09

⓮ 如果資料表新增的記錄位於第 P 欄～第 n 欄(n 為 P 欄,或 P 欄之後的任意欄),且利用本例 STEP2 的步驟增加記錄,樞紐分析表同樣可以自動更新。

7.3 運用「函數」功能建立動態樞紐分析表

透過設定「函數」，同樣可以製作動態樞紐分析表。

 目標 運用「函數」功能建立動態樞紐分析表

STEP 01 建立動態樞紐分析表。

❶ 打開檔案「CH7-03 運用函數功能建立動態樞紐分析表 01」之「資料表」
工作表。

❷ 選中資料表中任意儲存格。

❸ 點擊工作列「公式」按鍵，並點擊「定義名稱」。

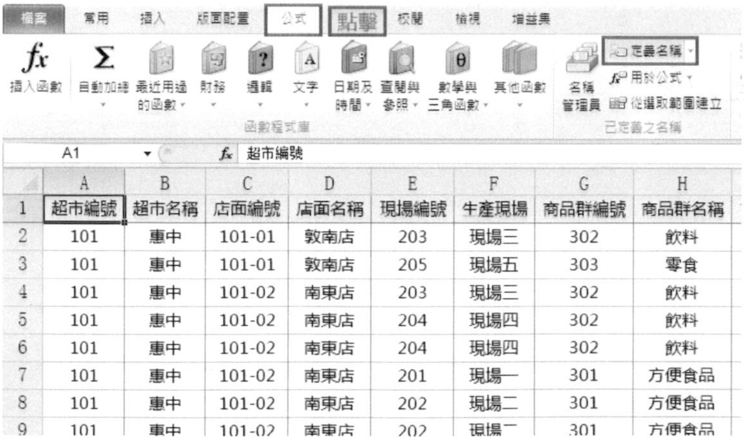

	A	B	C	D	E	F	G	H
1	超市編號	超市名稱	店面編號	店面名稱	現場編號	生產現場	商品群編號	商品群名稱
2	101	惠中	101-01	敦南店	203	現場三	302	飲料
3	101	惠中	101-01	敦南店	205	現場五	303	零食
4	101	惠中	101-02	南東店	203	現場三	302	飲料
5	101	惠中	101-02	南東店	204	現場四	302	飲料
6	101	惠中	101-02	南東店	204	現場四	302	飲料
7	101	惠中	101-02	南東店	201	現場一	301	方便食品
8	101	惠中	101-02	南東店	202	現場二	301	方便食品
9	101	惠中	101-02	南東店	202	現場二	301	方便食品

▲ 圖 19 運用函數功能建立動態樞紐分析表 -01

❹ 在彈出的「新名稱」對話方塊中，將「名稱」的「超市編號」改寫為「資
料表」。

❺ 將「參照到」的「= 資料表 !$A$1」改寫為「=OFFSET（資料表 !$A$1,,, COUNTA（資料表 !$A:$A),COUNTA（資料表 !$1:$1))」。表示資料表中所有非空值的儲存格。

▲ 圖 19 運用函數功能建立動態樞紐分析表 -02

< Note >

COUNTA 函數返回參數列表中非空值的儲存格個數。

COUNTA 函數的語法規則是：COUNTA（value1,value2,...)。

Value1,value2,... 為所要計算的值，參數個數為 1 到 30 個。

COUNTA 函數的參數值可以是任何類型，包括空字元（""），但不包括空白儲存格。如果參數是陣列或儲存格引用，則陣列或引用中的空白儲存格將被忽略。

本例中，COUNTA（資料表 !$1:$1）表示，資料表中非空值儲存格的高度（列數）和寬度（欄數）。

< Note >

OFFSET 函數是以指定的引用為參照系，透過給定偏移量得到新的引用。返回的引用可以是一個儲存格，也可以是儲存格區域。

OFFSET 函數的語法規則是：OFFSET(reference,rows,cols,height,width)，其 5 個參數的意義如下。

● **Reference**：是基點儲存格位置，所有偏移都以此儲存格為標準。Reference 必須為對儲存格或相連儲存格區域的引用，否則 OFFSET 函數返回錯誤值 #VALUE!。

● **Rows**：相對於基點儲存格的左上角儲存格，上（下）偏移的列數。如果使用 5 作為參數 Rows，則說明目標引用區域的左上角儲存格比 reference 低 5 列。列數可為正數（代表在起始引用的下方）或負數（代表在起始引用的上方）。

- **Cols**：相對於基點儲存格的左上角儲存格，左（右）偏移的欄數。如果使用 5 作為參數 Cols，則說明目標引用區域的左上角的儲存格比 reference 靠右 5 欄。欄數可為正數（代表在起始引用的右邊）或負數（代表在起始引用的左邊）。

- **Height**：高度，即所要返回的引用區域的列數。Height 必須為正數，省略時表示高度與 reference 相同。

- **Width**：寬度，即所要返回的引用區域的欄數。Width 必須為正數，省略時表示寬度與 reference 相同。

如果列數和欄數偏移量超出工作表邊緣，函數 OFFSET 返回錯誤值 #REF!。

OFFSET 函數並不移動任何儲存格或更改選定區域，它只是返回一個引用。函數 OFFSET 可用於任何需要將引用作為參數的函數。

本例中，OFFSET（資料表 !$A$1,,,COUNTA（資料表 !$A:$A),COUNTA（資料表 !$1:$1））表示，以資料表的 A1 儲存格為基點儲存格，從基點儲存格位置開始引用（不作任何偏移），高度為資料表中非空值儲存格的列數，寬度為資料表中非空值儲存格的欄數。

❻ 點擊「確定」。

❼ 選中資料表的任意儲存格。

❽ 點擊工作列「插入」按鍵，並點擊「樞紐分析表→樞紐分析表」。

❾ 在彈出的「建立樞紐分析表」對話方塊中，將「表格 / 範圍」的「資料表 !$A$1:$O$804」改寫為「資料表」。

▲ 圖 21 運用函數功能建立動態樞紐分析表 -03

⑩ 點擊「確定」。

⑪ 在產生的「工作表 1」中，按照「圖 21 運用表格功能建立動態樞紐分析表 -07」設定「設計區」。「列標籤」依次設定為「年月」「欄標籤」設定為「超市名稱」、「商品群名稱」，「∑ 值」設定為「加總 - 銷售金額」。

該設定，與 7.1 章節的範例設定相同。

▲ 圖 22 運用函數功能建立動態樞紐分析表 -04

 結果詳見檔案「CH7-03 運用函數功能建立動態樞紐分析表 01」之「動態樞紐分析表」工作表。

⑫ 將「工作表 1」工作表更名為「動態樞紐分析表」。

STEP 02 資料表增加新的記錄，並更新樞紐分析表。

 ❶ 打開檔案「CH7-03 運用函數功能建立動態樞紐分析表 01」之「資料表」工作表。

❷ 使用與 7.2 章節範例相同的方法，在「資料表」工作表增加記錄。新增的記錄資料，即為檔案「CH7-01 非動態樞紐分析表的更新 02」之「資料表 - 更新」工作表的第 805 列 ~ 第 1206 列。

結果詳見檔案「CH7-03 運用函數功能建立動態樞紐分析表 02」之「資料表 - 更新」工作表。

❸ 打開檔案「CH7-03 運用函數功能建立動態樞紐分析表 02」之「資料表 - 更新」工作表。

❹ 複製「動態樞紐分析表」工作表到新的工作表，並將新的工作表重新命名為「動態樞紐分析表 - 更新」。「動態樞紐分析表 - 更新」工作表中的樞紐分析表，將對應「資料表 - 更新」工作表的所有記錄。

❺ 在「動態樞紐分析表 - 更新」工作表中，選中樞紐分析表中任意儲存格。

❻ 右鍵點擊「重新整理」。

❼ 樞紐分析表中新增了第 18 列 ~ 第 23 列，即 2013 年的資料。

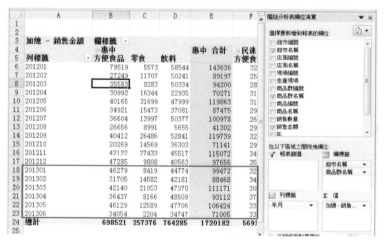

▲ 圖 23 運用函數功能建立動態樞紐分析表 -05

結果詳見檔案「CH7-03 運用函數功能建立動態樞紐分析表 02」之「動態樞紐分析表 - 更新」工作表。

❽ 樞紐分析表之所以能夠自動更新，是由於 STEP 1 中，已將名稱「資料表」定義為「=OFFSET（資料表 !$A$1,,,COUNTA（資料表 !$A:$A）,COUNTA（資料表 !$1:$1））」。當「資料表」更新後，名稱「資料表」所對應的區域，由 A1~O804 儲存格自動擴充到 A1~O1206 儲存格。因此，「動態樞紐分

析表 - 更新」工作表中的樞紐分析表所對應的資料表，是「資料表 - 更新」工作表中的 A1~O1206 儲存格。

❾ 與「運用表格功能建立動態樞紐分析表」的不同之處在於，「運用函數功能建立動態樞紐分析表」時，如果資料表新增的記錄位於第 P 欄 ~ 第 n 欄（n 為 P 欄，或 P 欄之後的任意欄），樞紐分析表的更新要透過手動更新。

7.4 實戰練習

以檔案「CH7-04 樞紐分析表的更新」之「資料表」工作表和「非動態樞紐分析表」工作表為基礎，當要在「資料表」工作表中新增「CH7-05 新增資料」之「資料表 - 新增」工作表的記錄時：

1. 更新檔案「CH7-04 樞紐分析表的更新」之「非動態樞紐分析表」工作表。

2. 運用「表格」功能建立動態樞紐分析表，當資料表新增記錄時，自動更新樞紐分析表。

3. 運用「函數」功能建立動態樞紐分析表，當資料表新增記錄時，自動更新樞紐分析表。

Note

8

樞紐分析表與外部資源的連結

在之前的各個章節中，樞紐分析表和樞紐分析圖所對應的資料表，均來自表或圖所在的同一個檔案。事實上，表或圖未必要與資料表位於同一個檔案，表或圖得資料表可以取自外部檔案，例如外部 Excel 檔案、外部 ACCESS 檔案等。這種方式，將表或圖與資料表分離，可以方便地管理資料表，並運用於多份樞紐分析表或樞紐分析圖。

當樞紐分析表或樞紐分析圖製作完成後，表或圖也可直接連結到外部檔案，例如 PowerPoint 檔案。當表或圖有修改時，PowerPoint 檔案便會自動隨之修改。這種方式對於常要用到表或圖進行簡報的人士，非常有用。

8.1 從外部 Excel 檔案中取得資料表

檔案「CH8-01 外部資料表」之「資料表」工作表是與「CH1-01 資料表」之「資料表」工作表完全相同的資料表。

之前，我們曾利用「CH1-01 資料表」之「資料表」的訊息，在同一個檔案中建立樞紐分析表，這一章節，將利用檔案「CH8-01 外部資料表」之「資料表」工作表，在新的檔案中建立樞紐分析表。

目標 運用外部 Excel 檔案建立樞紐分析表

❶ 新建 Excel 檔案，並命名為「CH8-02 運用外部 Excel 檔案建立樞紐分析表」。

▲ 圖 1 運用外部 Excel 檔案建立樞紐分析表 -01

❷ 點擊工作列「資料」按鍵，並點擊「取得外部資料→現有連線」。

▲ 圖 2 運用外部 Excel 檔案建立樞紐分析表 -02

❸ 在彈出的「現有連線」對話方塊中，點擊「瀏覽更多」。

▲ 圖 3　運用外部 Excel 檔案建立樞紐分析表 -03

❹ 在彈出的「選取資料來源」對話方塊中，找到檔案「CH8-01 外部資料表」所在路徑，並選中「CH8-01 外部資料表」。

▲ 圖 4　運用外部 Excel 檔案建立樞紐分析表 -04

❺ 點擊「開啟」。

❻ 在彈出的「選取表格」對話方塊中，選中「資料表 $」。「資料表 $」對應
的是檔案「CH8-01 外部資料表」之「資料表」工作表。

▲ 圖 5　運用外部 Excel 檔案建立樞紐分析表 -05

❼ 點擊「確定」。

❽ 在彈出的「匯入資料」對話方塊中，「選取您要在活頁簿中檢視此資料的
方式」勾選「樞紐分析表」，表示利用檔案「CH8-01 外部資料表」之「資
料表」工作表的訊息，直接建立樞紐分析表。「將資料放在」維持預設的
「目前工作表的儲存格 $A$1」，表示將樞紐分析表擺放位置從目前工作表
的 A1 儲存格開始。

▲ 圖 6　運用外部 Excel 檔案建立樞紐分析表 -06

❾ 點擊「確定」。

❿「工作表 1」工作表，顯示樞紐分析表的建立界面。

▲ 圖 7　運用外部 Excel 檔案建立樞紐分析表 -07

⑪ 在「工作表 1」中，按照「圖 8 運用外部 Excel 檔案建立樞紐分析表 -08」
設定「設計區」。

該樞紐分析表以檔案「CH8-01 外部資料表」之「資料表」工作表為資料來源。

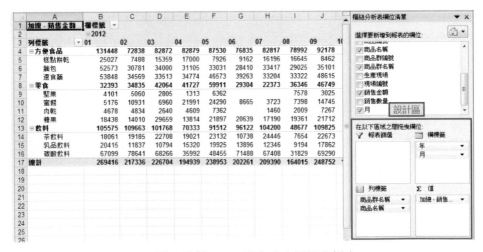

▲ 圖 8　運用外部 Excel 檔案建立樞紐分析表 -08

 結果詳見檔案「CH8-02 運用外部 Excel 檔案建立樞紐分析表」之「工作表
1」工作表。

⑫ 當檔案「CH8-01 外部資料表」之「資料表」工作表的訊息有所更新，需更新檔案「CH8-02 運用外部 Excel 檔案建立樞紐分析表」之「工作表 1」工作表中的樞紐分析表時，需同時打開檔案「CH8-01 外部資料表」和檔案「CH8-02 運用外部 Excel 檔案建立樞紐分析表」，並對後者進行「重新整理」。若沒有打開檔案「CH8-01 外部資料表」，系統會報錯。

8.2 從外部 ACCESS 檔案中取得資料表

在我們習慣使用 Excel 時，有時會發現 Excel 在資料管理方面，處理起來繁複。例如，之前章節介紹的「調整資料層級」的方法，在 Excel 中需要費上九牛二虎之力，在透過一連串的操作後，才能實現。

事實上，資料管理方面，有一款更強大的軟件，那就是 Microsoft ACCESS。ACCESS 是資料庫，資料管理是它的強項。而 Excel 是試算表，表格製作是它的強項。雖然 Excel 直觀、簡單、使用時易上手，也具有一定的資料管理能力，但相對於資料庫而言，其資料管理能力相對較弱。

ACCESS 和 Excel 兩者，看似都具有資料管理的功能，兩者的區別主要是什麼呢？

❖ Excel 只含有一種物件「工作表」，而 ACCESS 含有多種物件，例如表、查詢、表單、報表、巨集、模組、資料頁等。

❖ Excel 的一個活頁簿中可以有多個工作表，但工作表之間基本是相互獨立的，沒有關聯性，或者有很弱的關聯性。

❖ 而 ACCESS 的各種物件之間是不獨立的，存在顯著的關聯性。一種物件的多個子物件，例如各個表之間、查詢之間、表單之間、報表之間也存在關聯性。這種關聯性造就了 ACCESS 強大的資料處理能力。

❖ACCESS 在處理大量資料時，的確比 Excel 具有更強的能力。但若是使用 ACCESS 完成資料處理的任務，其實現方式要比 Excel 複雜很多。這種複雜性的回報，就是更強的資料處理能力。

目標 **運用外部 ACCESS 檔案建立樞紐分析表**

❶ 新建 Excel 檔案，並命名為「CH8-04 運用外部 ACCESS 檔案建立樞紐分析表」。

❷ 點擊工作列「資料」按鍵，並點擊「取得外部資料→從 Access」。

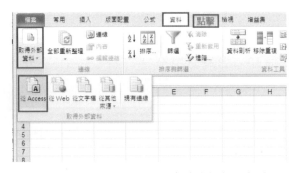

▲ 圖 9 運用外部 ACCESS 檔案建立樞紐分析表 -01

❸ 在彈出的「選取資料來源」對話方塊中，找到檔案「CH8-03 外部資料表」所在路徑，並選中「CH8-03 外部資料表」。

▲ 圖 10 運用外部 ACCESS 檔案建立樞紐分析表 -02

❹ 點擊「開啟」。

❺ 在彈出的「選取表格」對話方塊中，選中「資料表」。

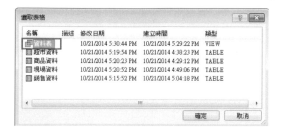

▲ 圖 11 運用外部 ACCESS 檔案建立樞紐分析表 -03

< Note >

「資料表」對應的是檔案「**CH8-03** 外部資料表」之查詢之「資料表」。

▲ 圖 12 運用外部 ACCESS 檔案建立樞紐分析表 -04

ACCESS 的資料庫包括「資料表」（Table）和「查詢」（View）。

「資料表」（Table）好比 Excel 中的報表；「查詢」（View）是整合資料表後的資料庫，功能與 Excel 中的 Vlookup 函數類似。

❻ 點擊「確定」。

❼ 在彈出的「匯入資料」對話方塊中，「選取您要在活頁簿中檢視此資料的方式」維持預設的勾選「表格」，表示利用檔案「CH8-03 外部資料表」之查詢之「資料表」的報表訊息。「將資料放在」維持預設的「目前工作表的儲存格 $A$1」，表示擺放位置從目前工作表的 A1 儲存格開始。

▲ 圖 13 運用外部 ACCESS 檔案建立樞紐分析表 -05

❽ 點擊「確定」。

❾「工作表 1」工作表中，匯入檔案「CH8-03 外部資料表」之查詢之「資料表」的報表訊息。

超市編號	超市名稱	店面編號	店面名稱	商品群編號	商品名稱	商品編號	商品名稱	現場編號	現場名稱
102	民達	102-07	西門店	301	方便食品	301-01	速食麵	201	現場一
103	群立	103-12	圓山店	301	方便食品	301-01	速食麵	201	現場一
102	民達	102-08	松山店	301	方便食品	301-01	速食麵	201	現場一
102	民達	102-08	松山店	301	方便食品	301-01	速食麵	201	現場一
102	民達	102-08	松山店	301	方便食品	301-01	速食麵	201	現場一
102	民達	102-07	西門店	301	方便食品	301-01	速食麵	201	現場一
102	民達	102-07	西門店	301	方便食品	301-01	速食麵	201	現場一
102	民達	102-07	西門店	301	方便食品	301-01	速食麵	201	現場一
102	民達	102-07	西門店	301	方便食品	301-01	速食麵	201	現場一
102	民達	102-08	松山店	301	方便食品	301-01	速食麵	201	現場一
102	民達	102-07	西門店	301	方便食品	301-01	速食麵	201	現場一
102	民達	102-08	松山店	301	方便食品	301-01	速食麵	201	現場一
102	民達	102-07	西門店	301	方便食品	301-01	速食麵	201	現場一
102	民達	102-07	西門店	301	方便食品	301-01	速食麵	201	現場一
102	民達	102-06	站前店	301	方便食品	301-01	速食麵	201	現場一
102	民達	102-06	站前店	301	方便食品	301-01	速食麵	201	現場一
102	民達	102-06	站前店	301	方便食品	301-01	速食麵	201	現場一
102	民達	102-06	站前店	301	方便食品	301-01	速食麵	201	現場一
102	民達	102-06	站前店	301	方便食品	301-01	速食麵	201	現場一
102	民達	102-06	站前店	301	方便食品	301-01	速食麵	201	現場一

▲ 圖 14 運用外部 ACCESS 檔案建立樞紐分析表 -06

 結果詳見檔案「CH8-04 運用外部 ACCESS 檔案建立樞紐分析表」之「工作表 1」工作表。

❿「工作表 1」工作表中的資料表，即從 ACCESS 檔案中取得。該 ACCESS 檔案中的資料表，自動根據「超市資料」、「商品資料」、「現場資料」和「銷售資料」整合而得。因此，利用 ACCESS 檔案，可以省去 Excel 中透過 Vlookup 函數的繁瑣操作。

利用「工作表 1」工作表中的資料表，可在此 Excel 檔案中建立樞紐分析表。

8.3 將 Excel 檔案的資料匯出至 PowerPoint 檔案

若將 Excel 檔案中的樞紐分析表或報表與 PowerPoint 檔案連結,則日後修改 Excel 檔案中的樞紐分析表或報表時,PowerPoint 檔案中的樞紐分析表或報表 也會自動作同步修改。這種功能對於經常要做簡報的人士而言,既方便又快捷, 且不易出錯。

目標 將 Excel 檔案中的報表匯出至 PowerPoint 檔案

❶ 新建 PowerPoint 檔案,並命名為「CH8-06 店面銷售登記表」。

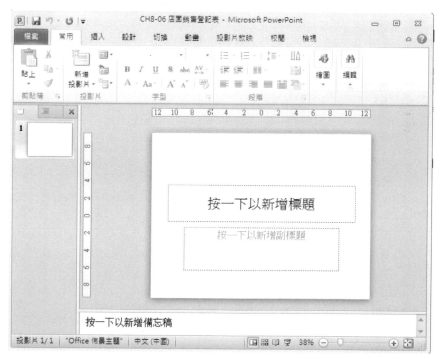

▲ 圖 15 將 Excel 檔案中的報表匯出至 PowerPoint 檔案 -01

❷ 選中頁面上的兩個文字方塊,按下「Del」按鍵,刪除兩個文字方塊。

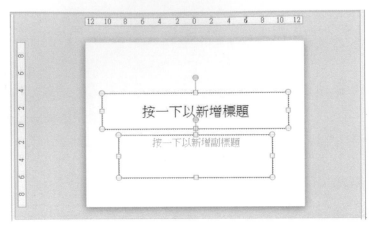

▲ 圖 16 將 Excel 檔案中的報表匯出至 PowerPoint 檔案 -02

❸ 打開 Excel 檔案「CH8-05 店面銷售登記表」之「店面銷售登記表」工作表。

❹ 選中並複製 A1~O16 儲存格。

❺ 回到 PowerPoint 檔案「CH8-06 店面銷售登記表」,點擊工作列「常用」
按鍵,點擊「貼上」的下拉菜單鍵,選擇「選擇性貼上」。

▲ 圖 17 將 Excel 檔案中的報表匯出至 PowerPoint 檔案 -03

❻ 在彈出的「選擇性貼上」對話方塊中，勾選「貼上連結」，並選擇「Microsoft Excel 工作表物件」。

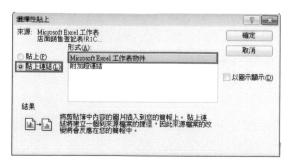

▲ 圖 18 將 Excel 檔案中的報表匯出至 PowerPoint 檔案 -04

❼ 點擊「確定」。

❽ 所複製的 Excel 檔案「CH8-05 店面銷售登記表」中的表格，顯示在 PowerPoint 檔案「CH8-06 店面銷售登記表」中。日後，若 Excel 檔案有更新，PowerPoint 檔案會作自動更新。

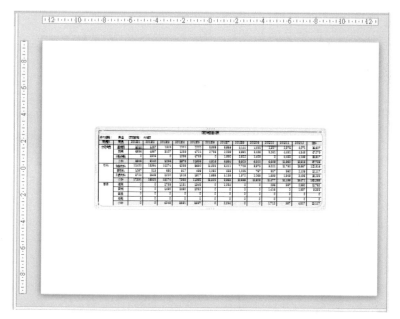

▲ 圖 19 將 Excel 檔案中的報表匯出至 PowerPoint 檔案 -05

 結果詳見 PowerPoint 檔案「CH8-06 店面銷售登記表」。

❾ PowerPoint 檔案「CH8-06 店面銷售登記表」中的表格訊息，若是無法看清，可利用 PowerPoint 的各項功能，調整表格的顯示方式。

 將 Excel 檔案中的樞紐分析表匯出至 PowerPoint 檔案

❶ 新建 PowerPoint 檔案，並命名為「CH8-08 按商品名稱整理銷售數量」。

❷ 選中頁面上的兩個文字方塊，按下「Del」按鍵，刪除兩個文字方塊。

❸ 打開檔案「CH8-07 按商品名稱整理銷售數量」之「樞紐分析表」工作表。

❹ 選中並複製 A1~O35 儲存格。

❺ 回到 PowerPoint 檔案「CH8-08 按商品名稱整理銷售數量」，點擊工作列「常用」按鍵，點擊「貼上」的下拉選單鍵，選擇「選擇性貼上」。

❻ 在彈出的「選擇性貼上」對話方塊中，勾選「貼上連結」，並選擇「MicrosoftExcel 工作表物件」。

❼ 點擊「確定」。

❽ 所複製的 Excel 檔案「CH8-07 按商品名稱整理銷售數量」中的樞紐分析表，顯示在 PowerPoint 檔案「CH8-08 按商品名稱整理銷售數量」中。

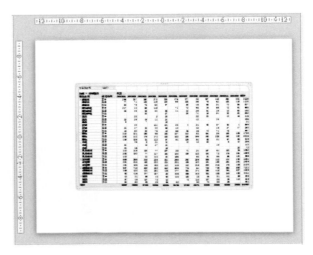

▲ 圖 20 將 Excel 檔案中的樞紐分析表匯出至 PowerPoint 檔案 -01

 結果詳見 PowerPoint 檔案「CH8-08 按商品名稱整理銷售數量」。

❾ 在 Excel 檔案「CH8-07 按商品名稱整理銷售數量」之「樞紐分析表」工作表中,「商品群名稱」勾選「方便食品」,並點擊「確定」。

▲ 圖 21 將 Excel 檔案中的樞紐分析表匯出至 PowerPoint 檔案 -02

❿ 可以看到 PowerPoint 檔案「CH8-08 按商品名稱整理銷售數量」中,「商品群名稱」選項也隨之調整為「方便食品」。

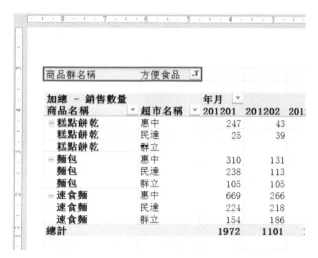

▲ 圖 22 將 Excel 檔案中的樞紐分析表匯出至 PowerPoint 檔案 -03

⓫ 若要將 Excel 檔案中的樞紐分析圖匯出至 PowerPoint 檔案,方法是類似的。

8.4 實戰練習

1. 將檔案「CH8-09 2013 上半年的銷售金額」作為外部 Excel 檔案，利用檔案中的「資料表」工作表，建立樞紐分析表。

2. 將檔案「CH8-10 樞紐分析圖」之「樞紐分析圖」工作表，匯出至 PowerPoint 檔案。